타임 이펙트

세 상 에 서 가 장 완 벽 한 시 간 여 행

타임
이펙트

구가 가쓰토시 지음
이수형 옮김

올댓
북스

들어가며

아직 20대였을 때 나이 드신 분들이 자주 하시던 말이 떠오른다. "나이 드니까 시간 가는 게 점점 빨라지더라." 당시만 해도 별 느낌이 없었지만, 이후 나이가 들어가면서 점차 그 말을 실감하게 됐다. 이제 1년 지날 때마다 가속도가 붙어 점점 더 빨라지는 것 같다.

똑같은 1년인데, 젊었을 때와 나이 든 다음의 흐르는 속도가 전혀 다르다. 같은 세대 친구들도 이 얘기에 하나같이 공감하는 걸 보면 대부분 비슷하게 느끼는 듯하다. 게다가 '시간이 빠르다'는 느낌은 꼭 1년 정도 되는 긴 시간 범위에만 해당되지 않는다. 아침 시간 잠에서 덜 깨 침대에서 뒹굴거리다 보면 시간이 금세 지나간다.

"벌써 시간이 이렇게나 됐어?"

당황하며 이불을 박차고 나간 게 한두 번이 아니다.

"시간아, 제발 멈춰주면 안 되겠니…!"

무정하게 흘러가는 시간을 두고 이렇게 한탄한 적도 있다. 우리에게 주어진 시간은 한정돼 있고, 그렇기에 한 번뿐인 인생이 더 소중할지 모른다. 그 귀한 시간을 소중히 여기며 살아야 한다는 생각을 매 순간 절감한다.

시간이란 참 불가사의하다. 어른이 되고 나서는 왜 시간 길이가 어릴 때와 다르게 느껴질까? 한가할 때, 혹은 지루할 때는 시간이 한없이 길게 느껴지는데, 왜 즐거운 시간은 짧게 느껴질까? 그런 소박한 의문이 이 책을 쓰는 계기가 됐다.

이 과정에서 나는 시간에 대한 흥미와 궁금증이 멈추질 않았다. 예를 들어 우리가 하루(1일) 단위의 리듬으로 생활하는 건 우리 몸속에 하루 리듬을 관장하는 '생체 시계'(체내 시계)가 있기 때문이라고들 한다. 그 생체 시계는 어떤 구조로 이뤄졌을까?

인류는 시간을 알기 위해 어떤 노력을 기울여왔을까? 지금 우리가 일상적으로 사용하는 시계도 현재에 이르기까지 긴 역사와 과정을 거쳤다. 만일 공상과학 영화처럼 자유로이 과거로 돌아가 어떤 일을 다시 해볼 수 있다면 어떨까? 과연 그런 시간 여행이 가능하긴 할까? 그리고 시간에 시작과 끝이라는 게 존재할까?

이 책에서는 그런 시간에 관한 주제들을 하나씩 뽑아 정리해봤다. 어느 지점이든 각자가 흥미를 느끼는 페이지부터 읽어도 무방하다.

자, 그럼 준비됐는가? 불가사의한 시간의 세계 속으로 함께 떠나보자.

구가 가쓰토시

2장. 정말 우리 몸속에 시계가 있는 걸까?

3장. 1초의 길이는 어떻게 정해질까?

4장. 시간은 왜 되돌릴 수 없을까?

5장. 시간에 시작과 끝이 있을까?

1장
......

나이가 들면 왜
1년이 짧게 느껴질까?

한가할 때 시간이 길게 느껴지는 이유

아직 15분밖에 안 지났다고?

예전에 아르바이트로 제과 공장의 컨베이어 벨트(생산 현장)에서 일한 적이 있다. 매우 단조로운 작업이라 시간이 엄청 느리게 흘러가는 것 같았다. '이제 1시간 정도는 갔겠지…' 하고 공장 시계를 보면 아직 15분밖에 지나지 않았다. '뭐야, 한참 지났다고 생각했는데 믿을 수 없어.' 그런 기대와 실망을 반복한 적이 있다. 혹시 '공장 시계가 고장난 게 아닐까' 의심한 적도 있지만 시계는 정확했다.

우리는 보통 '시간이 동일한 속도로 흘러간다'고 생각하지만, 때론 시간이 평소보다 느리게 흘러가는 것같이 생각된다. 일이 한가할 때는 평소보다 일하는 시간이 길게 느껴진다. 혹은 지루하게 이어지는 회의, 병원에서 진료 순서를 마냥 기다릴 때는 시간이 느리게 흘러가는 것 같다. 시계가 특별히 느리게 가는 것도 아닌데, 왜 그렇게 느껴질까?

아무래도 시간에는 시계가 제 기능에 충실하게 가리키는 '물리적 시간'과, 빠르거나 느리게 느껴지는 '심리적 시간'이 있는 듯하다. 심리학에서는 이 심리적인 시간을 별도로 다루는 분야까지 있는데, 그만큼 심리적 시간은 우리에게 보편적인 문제라 할 수 있다. 왜 물리적인 시간과 심리적인 시간은 다를까? 누구나 한 번쯤 이런 의문을 가져본 적이 있을 것이다.

의식할수록 길어지는 시간

그렇다면 시간이 길게 느껴지는 것은 주로 어떤 상황일까? '아무것도 하는 일 없이 그저 집에 갈 시간만을 기다릴 때, 특별히 열중할 것 없이 시계만 쳐다보고 있을 때.' 대개 이런 상황들 아닐까.

여기서 공통된 건 결국 '시간이 흐르기만을 기다린다'는 점이다. 심리학자인 마쓰다 후미코(松田文子) 교수에 따르면 '시간 경과에 주의를 기울일수록 시간이 길게 느껴진다'고 한다. 뭔가에 집중할 때와 달리 시간만 과도하게 의식하면 똑같은 10분이라도 좀체 흘러가지 않는 듯 느껴지는 것이다. 시계만 쳐다보고 있는 경우도 마찬가지다. 시곗바늘의 움직임조차 평소보다 더디게 느껴진다. 심리적으로는 시간이 빨리 갔으면 좋겠는데, 실제 시계는 생각만큼 빠르게 움직이지 않는다. 시간을 과도하게 의식하는 바람에 도리어 시간 흐름이 느리게 느껴지는 것이다.

즐거운 시간은 왜 금세 끝나버릴까?

미녀와 보내는 시간은 짧다!

한가할 때와 달리 즐겁게 보내는 시간은 순식간에 지나간다. 정신없이 바쁘게 일할 때도 시간은 의외로 빨리 지나간다. 이에 대해 물리학자 알베르트 아인슈타인(Albert Einstein)은 상대성이론을 설명하면서 "미녀와 보낸 한 시간은 1분밖에 안 지난 것 같지만, 난로 위에 손을 올린 1분은 한 시간처럼 길게 느껴진다"고 말했다. 이 같은 예시가 상대성이론을 설명하는 데 얼마나 적당한지는 모르겠지만, 이야기하는 내용만큼은 충분히 이해할 수 있다. '미녀와 보내는(즐겁게 보내는) 시간은 순식간에 지나버린다'는 것 말이다. 앞서 소개한 마쓰다 후미코 교수에 따르면 '즐거울 때 시간이 빠르게 흐르는 건 시간 경과에 주의를 기울이지 않은 탓'이라고 한다.

확실히 즐겁고 바쁠 때는 한가할 때에 비해 시계를 보는 빈도가 줄어든다. 보통 동시에 두 가지 이상 주의를 기울이기 힘들기 때문에, 즐거울 때는 수다에 정신이 팔려 시간에 주의를 기울이지 않게 되고 감정도 심리적인 시간의 영향을 받는다. 즐겁거나 유쾌한 시간은 대개 짧게 느껴지는 반면, 심심하거나 불쾌한 시간은 길게 느껴지는 경향이 있다. 공포의 감정도 시간이 길게 느껴지게 만드는 원인 중 하나다.

신진대사와 시간 사이의 관계

'시간이 짧게 느껴지는가, 아니면 길게 느껴지는가?'

이 문제는 앞서 보여준 심리적인 측면만이 아니라 생리적인 측면과도 관계가 있다. 인지과학자인 이치카와 마코토(一川誠) 교수에 따르면 '신진대사가 활발한지 여부가 시간 평가에 밀접한 영향을 미친다'고 한다.

우선 시간을 빠르게, 혹은 느리게 느끼는지 여부는 몸이 관장하는 '내적(內的) 시계'가 관련되어 있다고 본다. 신진대사가 활발할 때는 시간 평가에 관계된 내적 시계가 빠르게 움직이고, 신진대사가 저하되면 내적 시계는 천천히 움직인다. 대사가 활발할 때는 실제로 시계가 1분 지났을 때 내적 시계가 1분 30초나 지났는데도 '아직 1분밖에 안 지났다'고 느낀다. 시간 흐름이 그만큼 느리게 느껴진다는 말이다. 거꾸로 대사가 저하됐을 때는 실제로 시계가 1분 지났는데 내적 시계가 아직 30초밖에 안 지났다고 느끼기 때문에 '벌써 1분이나 지났다'고 느낀다. 시간 흐름이 빠르게 느껴지는 것이다.

오전에는 시간이 빠르게 흐르는 것처럼 느껴진다!
여기서 착각하기 쉬운 건 '내적 시계가 빠르게 흐를 때 실제 시간 흐름이 느리게 느껴지고, 내적 시계가 느리게 흐를 때 시간 흐름이 빠르게 느껴진다'는 점이다. 그 반대가 아니다. 예를 들어 아침에는 대사가 활발하지 않기 때문에 내적 시계가 천천히 흘러가므로 시간이 빠르게 느껴진다. 아침에 출근 준비할 때 생각보다 시간이 빨리 흘러갔던 기억을 떠올려보자. 일반적으로 오전에는 시간이 빨리 간다고 느껴지지만, 대사가 활발한 오후에는 시간 흐름이 느리게 느껴진다. 그렇다면 즐거운 시간이 빠르게 지나간다고 느끼는 건 꼭 대사 저하 때문만은 아닌 것으로 보인다. 즐거울 때는 대사가 활발한가에 관계없이, 시간에 의식을 기울이지 않는 '심리적인 요인'이 더 강하게 작용했다고 볼 수 있다. 이처럼 시간 평가에는 다양한 요소들이 결부돼 있다.

술에 취하면
시간이 빨라진다?

술은 적당히!

일과 후 마시는 술 한잔의 즐거움은 그 무엇과도 바꿀 수 없다.

실제로 많은 이들이 스트레스 해소법으로 음주를 꼽고 있다. 그렇다면 왜 술(알코올)을 마시면 스트레스가 해소된다는 걸까? (실제로 해소되는지는 모르겠지만) 그 이유는 '알코올에 이성을 관장하는 대뇌 피질(cerebrum cortex)을 마비시키는 효과가 있기 때문'이다.

보통 술에 취하지 않았을 때 우리는 대뇌 피질의 움직임에 따라 사고나 행동을 억제한다. 대뇌 피질 중 가장 표면의

'대뇌 신피질'이 사람의 이성이나 사고를 관장하는데, 이 대뇌 신피질이 알코올에 가장 취약하다. 아울러 대뇌 피질 안쪽에 자리한 '대뇌 구피질'은 사람의 감정이나 충동 등을 관장하는데, 알코올로 대뇌 신피질이 마비되면서 감정이나 충동성이 드러나는 경우가 많아진다. 술 마실 때 이상하게 감성적이 되고, 급기야 싸움을 벌이거나 충동을 못 이겨 터무니없는 행동을 하는 것도 다 그 때문이다.

즐거운 술자리에서는 시간이 빨리 간다!

그렇다면 혹시 술 마실 때 시간이 빨리 가는 것처럼 느낀 적은 없는가? 특히 마음 맞는 사람과 즐겁게 한잔하다 보면 순식간에 시간이 흐른 것 같다. "벌써 시간이 이렇게 된 거야?" 당황하며 막차를 타기 위해 달려본 경험들이 한 번쯤 있을 것이다. 게다가 술은 마시면 마실수록 가속도가 붙어 시간 경과가 더 빠르게 느껴지곤 한다. 술에 취하면 취할수록 시간이 순식간에 지나간다.

반대로 상사의 일장연설을 들으며 술을 마시는 회식 자리는 기분 좋게 취하기 어렵고 시간도 정말 안 가는 것 같다.

취하면 '기억이 날아가 버린다'

사람이 술을 마시면 어떻게 취하는지 그 과정을 살펴보자. 알코올에 취하는 정도는 알코올 혈중농도에 따라 크게 1기부터 5기까지로 나눠볼 수 있다.

1기 - 알코올 혈중농도 0.05~0.10%

가볍게 기분 좋을 정도로 취함. 억제 제거, 불안·긴장 감소, 밝은 기운, 안면 홍조, 반응시간 지연

2기 - 알코올 혈중농도 0.10~0.15%

말이 많아짐, 감각 경도 마비, 손가락 떨림, 대담해짐, 불안정한 감정

3기 - 알코올 혈중농도 0.15~0.25%

충동성, 졸음, 평형감각 마비(갈지자걸음), 감각 둔화, 복시(한 물체가 둘로 보임), 명료하지 않은 언어 사용, 이해·판단능력 장애

4기 - 알코올 혈중농도 0.25~0.35%

운동기능 마비(보행 불가능), 창백한 얼굴, 메스꺼움, 구토, 가벼운 혼수상태

5기 - 알코올 혈중농도 0.35~0.50%

혼수상태, 감각 마비, 호흡 마비, 사망

어떤가? 마지막 4기와 5기의 경우 급성 알코올 중독에 해당된다. 이쯤 되면 거의 목숨까지 걸어야 하기에 음주 자체가 무서워진다.

이야기를 다시 돌려보자. 술에 취하면 왜 시간 흐름이 빠르게 느껴질까? 물론 즐거운 술자리에선 시간이 가는 것조차 잊어버리기 때문에 그 이유를 제일 먼저 들 수 있다. 이어 알코올로 감각이 마비되면서 시간 감각까지 마비되는 것도 한 이유로 생각해볼 수 있다. 또 취하면 소위 '기억이 날아가 버리는' 현상이 벌어진다. 나중에 술 마실 때의 일을 떠올려봐도 무엇을 이야기했고 무슨 일이 있었는지조차 기억 못 하는 경우가 있다. 즉, 기억이 날아가 버려 시간 흐름이 빠르게 느껴졌던 것이다.

히치콕 영화의 비밀

여러분은 영화를 즐겨 보는가? 간혹 영화를 보고 있으면 실제보다 긴 시간처럼 느껴지곤 한다. 단 90분임에도 스토리상으로는 며칠, 때론 몇 년씩 지난 경우가 있는데, 영화에 완전히 몰입했을 때는 진짜로 시간이 그만큼 지난 것처럼 느껴진다. 영화를 보고 나면 마치 긴 여행에서 돌아온 듯한 기분이 들곤 한다.

간혹 영화의 실제 상영 시간보다 극 중 스토리를 길게 느껴지도록 만드는 영화도 있다. 뇌신경학자인 안토니오 다마시오(Antonio R. Damasio)는 그 예로 알프레드 히치콕(Alfred Hitchcock) 감독의 1948년 작 〈로프(ROPE)〉를 들었다. 히치콕 감독은 이 영화를 카메라 한 대로 노 컷, 미편집으로 촬영하는 실험적인 시도를 했다. 영화 속 이야기가 실시간(리얼타임)으로 진행된 것이다. 다만 당시 카메라로는 최장 10분밖에 촬영할 수 없었기에 개별 장면의 촬영분을 잘 이어 붙여 완성했다.

영화는 1924년 실제 벌어진 사건을 토대로 제작됐다. '우수한 사람은 살인도 특권'이라는 왜곡된 신념을 가진 두 청년이 친구를 죽이고서 완전 범죄를 꾸몄다. 청년들은 자신들의 능력과 대담함을 과시하기 위해, 굳이 친구의 시체를 감춘 방에서 파티를 열고 지인들까지 초대했다.

앞서 이야기가 실시간으로 진행됐다고 했지만, 실제 영화 길이는 81분이었고 영화에서는 105분이 경과한 것으로 설정됐다. 하지만 관객은 거기서 아무런 어색함도, 부자연스러움도 느끼지 못했고 마치 100분이 넘는 영화를 본 것처럼 느꼈다.

시간을 착각하게 만드는 기법

영화는 주인공인 브랜던과 필립이 친구 데이비드를 로프로

목 졸라 살해하는 장면에서 시작한다. 이들은 시체를 큰 상자(체스트)에 넣어둔 채 뚜껑을 닫았다. 그리고 바로 그 상자 위를 화려한 파티 요리들로 장식했다. 이윽고 죽은 데이비드의 부모와 애인, 지인, 대학시절 은사 등 초대객들이 잇달아 도착하며 파티가 열린다. 파티의 무대가 된 방에서는 뉴욕 거리가 한눈에 보였고 노을 진 풍경은 점차 야경으로 바뀌어갔다. 이역시 관객에게 초저녁부터 밤이 되기까지 충분히 시간이 흐른 것처럼 '착각하게 만드는' 요소가 된다.

파티의 식사 장면은 20분 정도밖에 안되지만, 관객은 실제 식사 시간이 더 걸린다고 생각했기에 '실제 식사 장면보다 더 오랜 시간이 지났다'고 느꼈다. 또 배우들의 연기도 결코 서두르지 않고 천천히 이뤄졌기에 관객으로 하여금 시간이 길게 느껴지도록 했다. 초대받은 이들은 데이비드가 시간이 지나도 나타나지 않는 걸 이상하게 여겼고, 관객들은 상자 속의 시체가 언제 발견될지 몰라 조마조마했다. 극 중 자신감 넘치는 브랜던에 비해, 소심한 필립은 계속 불안해한다.

처음부터 둘의 모습이 이상하다는 점을 눈치챈 은사 루퍼트는 마침내 필립을 추궁한다. 이때 메트로놈이 상징적으로 사용되는데, 메트로놈의 일정한 리듬 때문인지 관객들은 영화도 실제 시간 빠르기로 진행 중이라고 믿었다.

히치콕 감독은 교묘한 기법을 통해 관객들이 시간이 줄어든 것을 전혀 의식하지 못하게 했다. 그리고 영화 역시 81분이라곤 믿기 힘들 만큼 밀도 있게 구성했다. 이 때문에 관객들은 실제 영화의 상영 시간보다 훨씬 더 긴 시간이 지난 것으로 착각한 것이다.

꿈에서 일생을 체험한 남자 이야기

중국 당나라 때 쓰인 〈침중기(枕中記)〉라는 소설이 있다. 이 소설의 내용은 대충 이렇다.

옛날에 '여옹(呂翁)'이라는 도사가 있었다. 여옹은 조나라의 수도 한단으로 가는 길에 한 숙소에 머물게 됐다. 마침 그곳에 '노생(盧生)'이라는 서생이 찾아와 여옹과 담소를 나눴는데, 노생은 한숨을 쉬며 자신이 처한 상황을 한탄했다. "학문을 한다는 사람이 이 세상에 태어나 출세도 못 하고 있으니 이 얼마나 한심한 신세입니까.”

이후 노생에게 졸음이 찾아왔고, 여옹은 자신의 짐에서 베개를 꺼내 노생에게 건넸다. “이 베개를 사용하면 당신이 원하는 대로 이뤄질 것이오.” 때마침 숙소 주인은 기장밥을 찌고 있었다.

여옹이 건넨 베개의 양쪽 끝에는 구멍이 나 있었다. 베개에 머리를 대자 구멍이 커졌고, 노생은 그 구멍을 통해 집으로 돌아갔다. 몇 개월이 지나 노생은 명문가의 딸을 아내로 맞아들이게 됐다. 이때부터 노생은 출세 가도를 달리기 시작해, 진사 시험에 급제한 뒤 마침내 높은 지위까지 얻었다.

하지만 그는 누군가의 중상모략으로 좌천되었다가 다시 부활하는, 관운의 부침을 여러 차례 반복했다. 그렇게 말년에 접어들어 부귀영화를 누리다 마침내 임종의 순간을 맞게 됐는데, 막 숨이 끊어지려는 찰나 잠에서 깨어났다. 노생이 주위를 살펴보니 아직 숙소에 누워 있었고 그 옆에는 여옹이 앉아 있었다. 숙소 주인은 아직도 기장밥을 찌고 있었다. 여옹은 말했다. “사람의 일생이란 이렇게 하룻밤 꿈처럼 덧없다네.”

꿈은 REM 수면 때 꾼다

이 이야기는 다소 극단적이지만, 노생은 기장밥을 찌는 짧은 시간 동안 '일생의 꿈'을 꾼 후 인생의 진리를 깨닫고 집으로 돌아갔다. 아주 짧은 순간 꿈을 꾸면서 잤을 뿐인데 상당히 오래 잔 듯한 기분이 들었을 때를 떠올려보자. 짧은 낮잠 중 꿈을 꾼 것처럼, 고작 몇십 분 잤을 뿐인데 몇 시간은 잔 듯한 기분이 들었던 경험 말이다.

〈침중기〉의 작가 역시 그런 체험을 했던 것 같다. 꿈은 대개 '몸은 쉬는데 뇌가 활발히 활동하는 상태'의 REM 수면일 때 꾼다. 여기서 'REM'이란 'Rapid Eye Movement'의 앞 글자를 딴 것으로 '눈알이 빠르게 움직이는 것'을 뜻한다. 사람이 수면 중일 때 보면, 간혹 감긴 눈꺼풀 아래로 눈알이 움직이는 것을 알 수 있다. 이럴 때 깨우면 꿈을 꾸고 있던 경우가 대부분이다.

농밀한 체험이 시간을 길게 한다

꿈이 선명한 인상을 남기는 경우도 있다. 그런 꿈을 꿨을 때는 유달리 긴 시간이 흐른 것처럼 느껴진다. 인상적인 꿈은 내용도 풍부하고 기억도 선명하다. 우리는 꿈에서 '농밀한 체험'을 했던 것이다. 현실 세계에서도 그렇지만, 농밀한 체험을 했을 때는 나중에 생각해봐도 그 시간이 꽤 길었던 것처럼 느껴진다. 반대로 특별히 인상에 남는 게 없던 시간은 나중에 생각해봐도 짧은 듯 느껴진다. 꿈도 마찬가지다.

프랑스의 작가 제라르 드 네르발(Gérard de Nerval)은 "꿈은 제2의 인생"이란 말을 남겼는데, 확실히 꿈속의 풍부한 체험은 또다른 인생을 맛보게 해준다. 마치 〈침중기〉의 주인공이 꿨던 그 꿈처럼.

컵라면이 익는 시간이 3분인 이유

기다리기 좋아하는 사람?

사람들은 대개 기다리는 걸 싫어해, 식당에 가서 주문한 요리가 빨리 나오지 않으면 짜증을 낸다. 하지만 언제나 그렇진 않다. 예를 들어 일부러 사람들이 길게 서 있는 식당을 찾아 줄을 서서 기다리는 이들이 있다. 1시간, 혹은 2시간도 아무렇지 않게 기다린다. 약속 시간에 누군가를 기다리는 한계치가 대개 30~40분 정도로 알려져 있지만, 그와 비교해봐도 꽤 오래기다리는 것이다. 긴 줄을 선 식당에서는 손님을 기다리게 하면 할수록 기대감도 함께 높이는 효과를 얻는 것 같다.

3분이라는 절묘한 시간

기다리는 거라면 '컵라면의 3분'도 빼놓을 수 없다. 세계 최초의 즉석 라면 '치킨 라면'이 발매된 건 1958년이다. '뜨거운 물을 붓고 3분을 기다리면 라면을 먹을 수 있다'는 게 세일즈 포인트였다. 당시 치킨 라면은 공전의 히트를 기록했다.

발명자인 안도 모모후쿠(安藤百福)는 전쟁이 끝나고 포장마차 앞에 긴 줄을 서서 행복하게 라면 먹는 이들을 보고 '가정에서도 손쉽게 먹을 수 있는 라면을 개발하자'고 다짐했다. 그렇게 오랜 시행착오를 거쳐 완성한 것이 치킨 라면이었는데, 뜨거운 물을 부어 완성하기까지 딱 3분이 필요했다.

TV 애니메이션 속 울트라맨은 변신 후 3분밖에 초능력을 쓸 수 없다. 아이들 마음에 이 3분은 무엇보다 조마조마하고 아슬아슬한, 그럼에도 기대감을 가질 수 있는 시간이었다. 만일 울트라맨이 초능력을 5분 정도 쓸 수 있었다면 그만큼 인기를 얻지 못했을지 모른다. 아무래도 3분은 마법의 시간 같은 느낌이다. 지금도 큰 인기를 얻고 있는 컵누들이 발매된 건 1971년이지만, 이 역시 기다리는 시간은 3분이었다. 덧붙여 컵볶음면도 대부분 완성까지 3분을 기다리는 형태다.

빠르다고 반드시 좋은 건 아니다?

'더 빨리 완성되는(덜 기다리는) 컵라면을 만들면 더 잘 팔리지 않을까?' 그렇게 생각한 제조사도 분명 있었다. 실제로 1982년 한 제조사가 1분 라면을 선보였지만, 발매 당시만 반짝 화제였을 뿐 정작 그만큼 큰 인기를 얻지는 못했다(2013년 재발매되긴 했지만). '컵라면은 3분 기다리는 것'이란 강한 고정관념이 그렇게 다시 한 번 증명됐다.

컵라면은 3분을 기다리기 때문에 그 수고에 대한 보람이 있지만, 1분은 그런 수고와 보람이 전혀 느껴지지 않는다는 것도 실패 이유 중 하나였다. 게다가 1분 만에 완성되는 면은 물에 바로 풀리게 만들어져 면발이 금세 불어버리는 실질적 단점도 있었다. 그리고 뜨거운 물을 부어 3분 정도는 지나야 먹기 적정한 온도로 식어 국물을 마시기 적합해진다는 이유 또한 빼놓을 수 없다.

'조용히 기다릴 수 있는 한도가 3분'이라는 주장도 있다. 그 한도까지 기다리기에 기대치가 높아진다는 심리적인 이유 역시 클 것이다. 맛있는 음식을 먹는 데는 어느 정도 기다릴 필요가 있다(그만한 가치가 있다)는 생각도 빼놓을 수 없다. 식당 앞에서 기다릴 때의 그 기대감 말이다. '사람을 기다릴 때처럼 어쩔 수 없이 기다린다'는 수동적인 뉘앙스가 아니라 '자기 의지로 능동적으로 기다린다'는 건 그 의미 자체가 다르다.

컵라면의 경우 그 기대감과 사람들이 기다리는(참을 수 있는) 한도로 적정한 시간이 3분 아니었을까? 하지만 최근에는 3분보다 짧거나 4분, 혹은 5분은 기다려야 하는 제품도 출시돼 나름의 인기를 얻고 있다. 그 점에서는 현대인의 대기 시간에 관한 상식도 조금씩 달라지는 듯하다.

공포심은 시간이 천천히 가는 것처럼 느끼게 한다! 교통사고 같은 사고를 당했을 때 시간이 '마치 슬로모션처럼 천천히 흘러갔다'는 경험담을 듣곤 한다. 자신이 탄 자전거가 앞차를 들이받아 몸이 포물선을 그리듯 전방으로 날아갈 때 시간이 멈춘 듯 아주 느리게 느껴졌다는 사례도 있다. 교통사고 같은 비상사태에 빠졌을 때 왜 시간이 천천히 흐르는 것처럼 느껴질까?

가장 유력한 건 '공포심 때문에 시간이 천천히 가는 듯 느껴진다'는 설이다. '거미를 너무 싫어하는 사람에게 거미를 계속 보도록 하는' 연구가 있었다. 이 실험에서는 거미를 싫어하는 사람과 그렇지 않은 사람에게 45초간 거미를 보도록 한 뒤 얼마 동안 거미를 봤는지를 물었다. 이 연구 결과 '거미를 싫어하는 사람이 실제 시간보다 훨씬 더 길게 느낀다'는 점이 밝혀졌다.

또 뇌신경학자인 안토니오 다마시오는 '전향적이고 유쾌한 기분일 때는 시간이 빠르게 흐르는 듯 느껴지고, 불쾌한 기분일 때는 시간이 천천히 가는 듯 느껴진다'는 점을 발견했다. 아무래도 '공포심 때문에 시간이 천천히 가는 것처럼 느껴진다'는 추정은 사실인 듯하다.

번지점프 실험

물론 이런 사례만으로는 납득할 수 없는 이들도 있기에 번지점프 실험을 추가로 소개해본다. 신경과학자인 데이비드 이글먼(David Eagleman)은 '사람이 공포심을 느낄 때 뇌의 처리 속도가 빨라져 시간을 느리게 느끼는 게 아닐까' 하는 가설을 세웠다. 그는 그 가설을 실증하기 위해 번지점프를 이용했다. 번지점프라면 실험 대상자들이 '죽을 만큼 무섭다는 생각을 가질 거'라고 봤기 때문이다.

사실 이전에 제트코스터를 이용한 실험도 있었지만, 대상자들은 충분히 공포를 느끼지 않는 것으로 알려졌다. 실험에서 대상자들은 디지털 손목시계를 찼는데, 시계 화면에는 어떤 숫자가 랜덤으로, 통상적으론 판별할 수 없을 만큼 빠른 속도로 표시되게끔 했다.

만일 이글맨의 가설이 맞다면 공포를 느낄 때는 뇌의 처리속도, 시각을 처리하는 속도가 빨라져 화면상의 숫자를 판별할 수 있을 것이다. 그렇게 실험이 시작됐고, 대상자들은 높은 점프대 위에서 한 명씩 뒤로 떨어졌다. 떨어질 때의 최고 속도는 시속 110㎞를 넘었다. 실험 결과 모든 대상자가 떨어질 때의 시간 흐름이 느려졌다고 말했다. 하지만 중요한 손목시계 화면상의 숫자는 너무 빨라 아무도 판별해내지 못했다.

단기간에 많은 기억이 채워진다면

안타깝게도 이글먼의 가설은 제대로 실증되지 못했다. 아무래도 공포를 느낄 때 '뇌의 처리속도'가 빨라지는 건 아닌 듯하다. 그렇다면 왜 번지점프를 할 때 시간이 느려지는 것처럼 느꼈을까? 이에 대해 일부 심리학자는 기억이 관계돼 있다고 본다. 공포는 우리 뇌에 선명한 기억을 남긴다. 시각, 청각, 촉각, 후각 등 당시 느낀 기억 정보를 매우 상세히 기억한다. 교통사고로 치자면 차량이 장애물에 부딪힐 때, 대상이 다가오기까지의 시각 정보, 브레이크 소리와 충돌음, 비명 등의 청각 정보, 핸들을 강하게 쥔 촉각 등 많은 정보가 강렬히 각인된다.

동상석인 체험에서는 이처럼 풍부한 기억이 각인되는 경우가 거의 없다. 동일한 시간에서도 공포를 느낄 때 가능한 한 많은 기억 정보가 채워지기 때문에 시간이 더 길게 느껴지는 것이다. 순식간에 벌어진 일일지라도, 생명의 위협을 느낀 듯한 체험을 했을 때 우리의 집중력이 매우 높아지고 감각이 예민해져 많은 정보를 받아들인다. 그로 인해 실제 시간보다 길게 지속되는 느낌이 드는지 모른다.

죽음의 문턱에서
인생이 파노라마처럼
스쳐간다?

심리적으로 죽음에 직면한 사람들의 이야기

여러분은 '죽기 직전 그동안의 인생이 파노라마처럼 스쳐갔다'는 이야기를 들어본 적 없는가? 나는 아직 죽음에 직면해 본 적이 없어 진짜 이런 일이 일어나는지 모르겠지만, 서양에서는 이 현상을 '파노라마 기억'이라 부르며 이미 상당한 연구가 진행됐다. 조금 오래된 내용이지만, 스위스의 지질학자 알베르트 하임(Albert Heim)의 체험담은 특히나 유명하다.

1871년 하임은 남동생과 친구들을 데리고 등산길에 나섰다. 정상까지 올라간 뒤 하산하려 했을 때 비극이 벌어졌다. 하임이 몸의 균형을 잃고 미끄러져, 산 아래 낭떠러지로 추락해버린 것이다. 그때의 기억을 하임은 생생하게 기록했다. 우선 추락하면서 그의 머릿속에 떠오른 건 '자신이 앞으로 어떻게 될까?' 하는 궁금증이었다. '곧 부딪히게 될 암벽, 그 위에 눈이 쌓여 있다면 떨어지더라도 목숨을 구할지 모른다. 만일 눈이 없다면 직접 암석 위로 떨어져 죽을 것이다. 만일 무사하다면 같이 등반한 이들에게 알려야 한다. 5일 앞으로 다가온 대학 강의는 할 수 없을 것이다. 내 죽음을 사랑하는 이들에게 어떻게 알려야 할까?' 이처럼 다양한 생각들이 엄청나게 빠른 속도로 떠올랐다.

다음 순간 하임의 눈앞에는 지금까지 그가 걸어온 인생이 파노라마처럼 흘러갔다. 그 기분은 마치 '조금 떨어진 객석에서 무대를 바라보는 것 같았다'고 한다. 그러는 사이 하임의 낙하는 끝을 고했고, 그는 기적적으로 무사했다. 그는 이 불가사의한 체험 이후 20년 넘게, 자신처럼 죽음에 직면했던 이들을 찾아 '인생의 마지막이라 생각한 순간 무엇을 경험했는지'를 조사했다. 거의 대부분의 사람들에게 공통된 건 '죽음에 직면했을 때 두려움도 후회도 혼란도 고통도 느끼지 않았다'는 점이었다. 그리고 많은 이들이 '자신의 과거 인생이 순식간에 되살아났고, 마지막에는 웅장하고 아름다운 음악이 들렸다'고 한다.

물론 이들은 기적적으로 목숨을 건졌기에 실제로 죽은 건 아니다. 하지만 심리적으로는 거의 죽음에 다다른 경험을 가졌기에 실제로 죽은 이의 체험에 가깝다고 볼 수 있다.

파노라마 기억이 생기는 3가지 설

그렇다면 죽음에 직면한 이들 대부분이 파노라마 기억을 체험한 이유는 무엇일까? 이에 대해선 몇 가지 설이 있다.

첫 번째는 '이러한 체험을 했을 때 무의식적으로 죽음이 눈앞에 다가온다는 현실에서 의식을 회피하려는 심리가 발동했다'는 설이다. 일종의 방어 작용으로 의식을 잃을 위험성을 피하는 것이다. 의식을 잃어버리면 위험으로부터 내 몸을 지킬 수 없기 때문이다. 즉, 패닉에 빠지지 않기 위해 공포심을 없앨 필요가 있고, 그로 인해 평화로운 과거 기억에 빠져든다는 것이다.

두 번째는 '뇌 구조'로 설명하는 설이다. 뇌는 어떤 감각 자극이 없으면 활동할 수 없다. '임사 체험(Near-Death Experience)'처럼 어떤 쇼크로 감각 기능을 잃어 외부로부터

의 자극이 사라지면, 뇌는 과거로 거슬러 올라가 자극을 요구한다. 이에 따라 사람 머릿속에는 파노라마 기억처럼 과거의 다양한 장면이 되살아나는 것이다.

세 번째는 '뇌신경학'으로 설명하는 설이다. 죽음에 직면했을 때 충격이나 공포로 뇌에서 대량의 아드레날린(adrenaline)이 방출되는데, 그로 인해 뇌가 활성화되고 사고가 빨라진다. 이어 아픔이나 극도의 스트레스를 완화하기 위해 '뇌 속 마약'이라 불리는 엔도르핀(endorphin)이 방출된다. 엔도르핀은 감각을 억제하는데, 동시에 기억과 시간 감각에 관계된 뇌의 움직임까지 억제해버린다.

그러면 기억과 관련된 부위 이외의 뇌 부분이 자발적으로 움직이기 시작해, 의식 속에 빠른 속도로 수렴했던 맥락 없는 영상들이 하나둘 떠오른다. 바로 이것이 파노라마 기억의 정체라는 주장이다.

물론 하나같이 가설에 불과하지만, 어느 정도 납득되는 면도 있는 것 같다.

아이에게는 하루가 짧고 1년은 길다?

나이와 시간 길이는 반비례한다?

누구나 어린 시절을 되돌아보면 1년이 꽤 길었던 것처럼 느껴진다. 그에 비해 나이가 들면 순식간에 지나간 듯한 기분이 드는데, 왜 이런 차이가 나는 걸까? 일설에 '나이와 시간 길이는 반비례한다'고 한다. 예를 들어 10살 아이에게 1년은 나이의 10분의 1이지만 60살 어른에게 1년은 60분의 1이다. 이를 서로 비교해보면, 확실히 아이의 1년이 전체 나이에 대한 비율 면에서 크기 때문에 어른보다 1년이 더 길게 느껴진다는 것이다.

이렇게 말하면 '뭐, 그럴 수도 있겠네…' 싶겠지만, 이것만으론 납득이 가지 않는 이도 분명 있을 것이다. 생각해보면, 아이 때는 매일매일이 새로운 발견으로 가득 차 있었다. 매년 학교에서 배우는 새로운 지식도 늘어났다. 같은 1년이라도 어른에 비해 기억해야 할 것이 훨씬 더 많았다.

기억과 시간 길이는 밀접한 관계를 갖는다. 인상에 남는 기억이 많아지면 시간은 그만큼 길게 느껴진다. 물론 아이 때만 특별히 1년이란 시간이 길었을 리 없기에, 그 시간을 얼마나 충실히 보냈는지가 1년을 길게 느낄지, 아니면 짧게 느낄지를 결정하는 중요한 요인이 된다. 아이 때는 무엇이든 새롭고 신선했다. 새 학기, 소풍, 여름방학, 추석, 체육대회, 학교 축제, 크리스마스까지 가슴 뛰고 기대되는 행사들이 많았다. 특별한 일 없이 매일매일 반복되는 루틴 워크(정해진 일이나 일과)로 일상을 보내는 대개의 어른들과 큰 차이가 있다. 아이 때는 성장과 함께 새로운 경험을 해나가기에 어른보다 1년의 충실도가 큰 것이다. 바로 그 차이가 아이 때 1년을 더 길게 느끼게 하는 요인으로 보인다.

넓은 공간에서는 시간을 길게 느낀다

또한 아이는 어른에 비해 신진대사가 활발하다. 앞서도 설명했듯, 대사가 활발하면 시간을 길게 느낀다. 아이는 대사가 활발하기에 내적 시계가 실제 시간보다 훨씬 빠르게 진행되는데, 이 역시 아이 때 시간을 길게 느끼게 하는 요인이 된다. 이와 함께 '공간적인 요인'도 생각해볼 수 있다. 더 구체적으로 설명하자면, 좁은 공간에 있을 때보다 넓은 공간에 있을 때 시간을 더 길게 느낀다.

넓은 회의실에서 혼자 멍하니 기다리다 보면 시간이 매우 긴 것처럼 느껴진다. 마찬가지로 똑같은 넓이의 공간에서도 신체가 작은 아이가 어른보다 더 넓게 느끼곤 한다. 어른이 되고서 어릴 때 지냈던 학교 교실에 가보면 생각보다 좁은 데 놀란다. 바로 그 공간의 차이 역시 아이가 시간을 길게 느끼는 요인이라 볼 수 있다.

그런데 아이 때 '하루가 짧게 느껴졌던 건' 왜일까? 어른이 되고서 되돌아보면 더더욱 그렇다. 이런 경향은 아이가 학교에 있는 시간뿐 아니라 방과 후에도 마찬가지다. 그때도 아이들은 시간을 잊고 노는 데만 열중하기에 시간 자체가 짧게 느껴지는 것이다. 즐거울 때만큼은 활발한 신진대사나 공

간적인 요인보다, 시간을 의식하지 않는 요인이 더 강하게
작용하는 것으로 보인다.

나이 들수록
1년이 짧아진다?

누구에게나 공평한 시간 길이!

"요샌 1년이 참 금방금방 지나가네."

"그러게 말야, 1년이 가는 게 진짜 눈 깜짝할 사이라니까."

나이 먹으면서 이런 대화가 늘어난다. 확실히 아이일 때는 1년이 꽤 길게 느껴졌는데, 나이를 먹으면 1년이 짧게 느껴진다. 불과 얼마 전에 새해였던 것 같은데, 금세 다음 해가 밝았다. 얼마 전 여름옷을 집어넣었다고 생각했는데, 벌써 새로운 여름이 찾아왔다. 그리고 해가 갈수록 생일 간격이 짧아지는 것 같다. 이처럼 시간이 빨리 흘러가는 걸 한탄하는 이들이 많다.

그렇다면 왜 이런 기분이 드는 걸까? 물론 물리적인 시간 자체가 짧아졌을 리는 없다. 아이 때의 1년도 어른의 1년 길이와 같다. 나이 먹었다고 특별히 짧은 시간이 주어지는 게 아니다. 그럼에도 왜 1년의 길이가 짧게 느껴질까? 그에 대해 몇 가지 이유를 생각해볼 수 있다.

아이 때보다 시간상의 밀도가 떨어진다

그 이유 중 하나가 '나이를 먹으면 대개 일상이 단조롭게 반복되기 때문'이다. 대부분의 경우 아침에 일어나 식사를 하고, 항상 비슷하고 익숙한 일을 한다. 그리고 집에 돌아와 저녁 식사를 하고 잠자리에 든다. 이처럼 매일매일이 비슷한 루틴 워크의 반복이다.

그런 일상에서는 특별하게 여길 만한 기억이 별로 남지 않는다. 모든 게 새롭던 신입사원일 때, 그리고 굉장히 힘들고 자극적이었던 젊은 시절의 기억은 어느새 어딘가로 숨어버렸다. 그저 매일매일이 똑같고 멍하게 지나간다.

앞서도 이야기했지만 '시간 길이와 인상에 남는 기억의 양은 관계가 있다'. 아이 때는 매일이 새로운 체험이나 발견으로 가득 차 있다. 초등학교에 들어가면 새로운 친구가 생기고 수업 하나하나가 처음 보고 듣는 것투성이다. 방과후에도 새로운 놀이를 발견하고 늘 새로운 경험을 갖는다. 같은 시간이라도 아이가 '농밀한 시간'을 보내는 이유다. 즉, 내용물이 알차게 들어찬 1년이기에 더 길게 느껴지는 것이다. 하지만 나이를 먹을수록 새로운 체험이나 발견 기회가 줄어들어 아이 때보다 시간상의 밀도가 훨씬 떨어지는 법이다. 그래서 1년을 되돌아봤을 때 기억할 만한 일이 적고, 결과적으로 1년이라는 시간이 짧게 느껴진다.

마음가짐에 따라 1년은 길어질 수도, 짧아질 수도 있다!
물론 나이를 먹어도 왕성히 활동하며 여러 가지를 경험해보는 이들이 있다. 적극적으로 새로운 일에 도전하면서 지금까지 가본 적 없는 장소로 여행 가거나, 해본 적 없는 취미를 배워본다. 그런 사람에게는 결코 1년이 짧게 느껴지지 않고, 단조로운 나날을 보내는 이들보다 확실히 1년이 길게 느껴질 것이다.

'기억량은 곧 정보량'이다. 매일의 기록을 일기로 남긴다면 정보가 많은 사람의 일기는 정보가 적은 사람의 일기보다 훨씬 두꺼워질 것이다. 결국 1년의 길이는 그 사람의 마음가짐에 따라 길게도, 반대로 짧게도 느낄 수 있다.

타임 이펙트

체온이 높으면
시간 가는 게
느려진다?

아픈 아내의 도움을 받다

아플 때 침대에 누워 있으면 시간이 굉장히 느리게 가는 것처럼 느껴진다. 여기에 가위까지 눌리면 1시간이 마치 2~3시간처럼 느껴지기도 한다. 사실 이 같은 주장에도 근거가 있다. 세상에는 참 특이한 사람이 많은데, 아픈 아내의 도움을 받아 체온과 시간 감각 사이의 관계를 조사한 이가 있었다. 바로 20세기 초 미국에서 심리학자로 활동했던 허드슨 호글랜드 (Hudson Hoagland)다.

어느 날 호글랜드는 독감에 걸린 아내를 열심히 간호하고 있었다. 하지만 정작 아내는 남편이 옆에 있었으면 좋겠다고 생각할 때마다 남편이 방에 없었고 한 번 나가면 좀체 돌아오지 않았다며 불만을 털어놓았다고 한다.

여기서 재미난 사실은 실제로 호글랜드가 방을 비운 건 불과 몇 분에 지나지 않았다는 점이다. 그는 이 같은 아내 반응에 놀라면서도, 분명 아내가 열 때문에 시간 감각이 정상이 아닐 거라고 생각했다. 이것이 학자적 호기심일지는 몰라도, 그는 아내를 실험 대상으로 삼아 체온과 시간 감각의 관계를 조사해보기로 했다.

투열 요법으로 증명한 체온과 시간 감각의 관계

호글랜드는 '아내의 체온이 오르내릴 때마다 머릿속으로 1분간을 재도록' 했다. 시작 신호로부터 아내가 1분이 지났다고 판단했을 때까지를 스톱워치로 쟀다. 아내도 실험에 동의해 48시간 중 30번에 걸쳐 시간 측정이 이뤄졌다. 그 결과 '체온이 높을수록 시간의 경과를 느리게 느낀다'는 사실을 알았다. 아내가 1분이라고 느낀 시간이 실제로는 40~50초인 경우가 있었는데, 특히 체온이 39.4도까지 올랐을 때는 불과 34초 만에 1분이 지났다고 느꼈다. 이에 대해 아내에게 물어보면 "아직 34초밖에 안 지났어?"라고 도리어 의아하다는 반응을 보였다. 이처럼 체온과 시간 감각 사이에는 밀접한 관계가 있었다.

그 이유로는 '체온이 오르면 대사가 활발해지기 때문 아닐까' 싶다. 대사가 활발해지면 시간이 느리게 느껴진다는 건 앞서 설명한 대로다. 그런데 호글랜드는 별도의 실험에서도 '체온과 시간 감각 사이에 관계가 있다'는 사실을 증명했다. 그 실험이란 '투열 요법(diathermy)'으로, '치료를 위해 인공적으로 체온을 올리는 요법을 사용한' 다소 과격한 시도였다.

실험에 참가한 이는 두 명의 학생. 그들은 호글랜드의 적극적인 설득으로 실험 참가를 결정했다. 이 실험에서 '몸을 어떤 옷감으로 감싼 뒤 일부러 전기를 흘려 체온을 높이는 요법'이 사용되었는데, 이때 체온을 38.8도까지 올렸다. 실험 초반에는 학생들이 불안감을 느꼈는지 실험이 제대로 되지 않았다. 하지만 몇 차례 시도를 반복한 끝에 호글랜드가 생각한 결과가 나왔다. 역시 '체온이 높아지면 시간이 느리게 흐른다고 느꼈다'. 실험 대상자(모수)가 너무 적다는 한계가 있었지만, 이 실험 결과는 우리가 아플 때의 체험과 그대

로 일치한다. 그렇다 해도 지금은 이처럼 무리한 방식의 실
험은 불가능하다.

마음의 병도
시간 감각을
망가뜨린다?

우울증과 시간 감각의 관계

현대의 사회 문제 중 하나가 '마음의 병을 앓는 이들이 늘고 있다'는 것이다. 특히 우울증(depressive disorder)을 앓는 이들이 계속 늘고 있는데, 일본만 해도 100만 명이 넘는 것으로 알려졌다. 이 밖에도 의료 기관에서 제대로 진료 받지 않은 환자의 경우 300만 명에 이른다는 데이터까지 있다.

우울증 증상은 '기분이 다운된다' '집중력이 저하된다' '아무것도 할 의욕이 안 생긴다' 같은 정신적인 문제만이 아니라 '몸이 축 처진다' '너무 일찍 잠에서 깬다' '식욕이 없어진다' 등 육체적인 증상으로도 나타난다. 특히 육체적인 증상은 우울증이 아니라 신체적인 병이라고 여기는 이들이 많기 때문에 병을 늦게 발견하는 경우가 많다.

그런데 '우울증과 시간 감각 사이에도 관계가 있다'고들 한다. '우울증을 앓는 사람이 건강한 사람에 비해 시간이 느리게 흐른다고 느낀다'는 것이다. 영국의 정신의학자인 매슈 블룸(Matthew Bloom)은 실험을 통해 '우울증을 앓는 이가 건강한 사람보다 평균적으로 두 배나 길게 시간을 평가한다'는 사실을 밝혀냈다. 우울증을 앓는 사람의 시간은 건강한 사람의 시간보다 '절반 수준의 속도'로 흐른다는 것이다.

어쩌면 '시간 지각 장애가 우울증의 원인이 되는 경우'도 있을지 모른다. 다만 건강한 사람도 불안감을 느낄 때는 시간이 느리게 가는 것처럼 느끼는 경향이 있다. 우울증 증상으로 강한 불안감을 느끼면 시간이 느리게 흐르는 것처럼 느끼는 것도 당연해 보인다.

또한 우울증을 앓는 사람은 과거와 현재 일은 생각할 수 있지만, 미래 일은 생각하기 힘든 경향이 있다. 이들에게 미래는 비관적이며 생각할 만한 가치도 없는 것이다. 거꾸로 말하면, 조금이라도 미래를 낙관적으로 생각할 수 있는 사람이라면 그만큼 증상이 무겁지 않다고 할 수 있다.

마음의 병과 시간 감각의 차이

한편 조울증(bipolar disorder)을 앓는 사람은 시간의 흐름을 빠르게 느끼는 경향이 있다. 무슨 일이든 척척 처리할 수 있을 것처럼 느끼는데, 바로 그 점이 우울증을 앓는 이와는 다른 점이다.

마음의 병에는 우울증과 조울증 외에 조현병(schizophrenia)도 있다. 조현병 증상은 우울증이나 조울증에 비해 다양한 편이라, 이를 한 가지로 묶어 설명할 수 없다. 망상, 환각, 사고 장애 등의 증상을 가진 이도 있지만, 단조로운 감정, 의욕 저하, 사회적 히키코모리 등의 증상이 나타나는 사람도 있다. 시간 감각에 대해서는 시간이 멈춰지거나, 시간 자체가 아예 사라져버린 듯한 기분을 느끼기도 한다. 간혹 50살을 넘었는데도 아직 본인이 20대라고 주장하는 사람까지 있을 정도다. 같은 마음의 병이라도 시간 감각에는 상당한 차이를 보이는 것이다.

사람마다 다른 퍼스널 템포

사람은 자기 템포에 맞춰 행동한다

우리는 무의식적으로 자기 템포에 맞춰 생활한다. 느긋한 템포로 사는 사람, 빠르다 못해 다소 성급한 템포로 살아가는 사람 등 그 형태는 각양각색이다. 이 개개인 특유의 템포를 '퍼스널 템포(Personal Tempo)'라 부른다. 자신의 퍼스널 템포를 알기 위해서는 책상을 손가락으로 연속해 두드려보는 방법이 있다. 몇 번 정도 시도해 보고 가장 안정적으로 느끼는 템포가 바로 그 사람의 퍼스널 템포다.

통상 안정적으로 느끼는 두드림의 간격은 0.4~0.9초 사이인 경우가 많다. 퍼스널 템포는 일상의 모든 행동에서 나타나곤 하는데, 식사할 때나 걸을 때, 말할 때 모두 그 사람의 독자적인 템포에 맞춰 이뤄진다.

이 퍼스널 템포가 어긋나면 곧바로 스트레스가 된다. 예를 들어 조직원 전체가 같은 템포로 작업할 때는 템포가 빠른 사람이나 느린 사람 모두 스트레스를 느낀다. 퍼스널 템포보다 빠른 작업을 하면 심장 박동 수가 올라간다는 실험 결과가 있는 한편, 퍼스널 템포보다 느린 작업을 하더라도 심장 박동 수가 올라간다는 결과도 있다.

이를 통해 '어떤 작업을 수행할 경우 자신의 퍼스널 템포대로 할 수 있는 환경을 만드는 게 가장 중요하다'는 점을 알수 있다. 그래야 부담도 적어지고 실수도 막을 수 있다.

A 타입과 B 타입

세상에는 무슨 일이든 빠릿빠릿하게 해야 직성이 풀리는 사람이 있다. 이런 사람은 자신보다 작업이 느린 사람을 보면 안달복달한다. 항상 시간에 쫓기듯 빨리빨리 서두른다. 주변을 둘러보면 확실히 그런 사람이 있는데, 이런 사람을 'A 타입'이라 부른다. 이는 혈액형과는 아무런 관계가 없다.

A 타입은 퍼스널 템포도 빠르고 시간이 빨리 흐르는 듯 느낀다. 물론 퍼스널 템포가 빠른 사람이 반드시 A 타입이라 볼 순 없다. A 타입은 일하는 속도가 빨라 좋아 보이지만, 그런 작업 스타일은 신체 부담이 크고 심장병의 원인이 되기도 한다. 스스로 A 타입이라고 생각하는 사람은 가급적 여유를 찾아 릴랙스하는 시간을 갖는 게 좋다.

'B 타입'은 이와 반대로 퍼스널 템포가 느리고 무슨 일이든 여유 있게 하는데, 아마 대부분의 직장에서는 A 타입을 더 선호할 것 같긴 하다.

다만 A 타입은 다른 이와 충돌하는 경우도, 인간관계를 제대로 구축하기 힘든 경우도 많다. A 타입은 어느 직장에서나 볼 수 있지만, 조직 내 지위가 높은 사람이라면 다른 사람과 마찰이 생기지 않도록 각별히 주의할 필요가 있다. 그렇다면 이들은 어떻게 A 타입의 성격으로 태어났을까? 유전적인 요소나 후천적인(환경적인) 요소가 다 작용하지만 부모의 양육태도도 중요하다.

부모가 아이에게 높은 수준을 요구하거나 그 요구가 채워지지 않을 경우 벌을 주거나, 항상 다른 아이와 비교하는 경향이 있다면 A 타입이 되기 쉽다. 이런 부모는 자신도 A 타입인 경우가 많다. A 타입이 꼭 나쁜 건 아니지만, 건강상의 리스크를 생각하면 아이를 키울 때 각별한 관심과 배려가 필요하다.

사람이
인지할 수 있는
최단 시간

초침이 있는 시계와 없는 시계

업무용 책상에 놓인 전지식 탁상시계는 초침이 1초씩 째깍째깍 움직이는 타입이다. 또 내가 오랜 기간 애용해온 오토매틱 손목시계는 초침이 1초에 4~5회씩 움직이는 타입이다. 어느 쪽을 선호하는지는 사람마다 다르겠지만, 시계별로 이렇게 초침이 다르게 움직이는 이유는 뭘까? 사실 전지식 시계는 초침을 움직일 때 전력을 가장 많이 소비한다고 한다. 특히 초침을 조금씩(1초 미만) 움직일수록 전력이 소모되기 때문에 1초씩 째깍째깍 움직이는 타입으로 만들었다.

최근에는 초침 없는 시계도 나와 있다. 디자인에 치중한 시계의 경우 초침 자체가 거슬릴 수도 있고, 일상생활 중에는 특별히 초침이 필요 없을지도 모른다. '시계가 움직이는지 멈추는지를 알기 어렵지 않을까' 하고 그동안 괜히 쓸데없는 걱정을 했던 것 같다.

의식하는 시간의 최소 단위

보통 우리가 의식하는 시간의 최소 단위는 얼마나 될까? 아마도 시계 문자판의 최소 단위가 1초이니, 기껏해야 1초 단위 아닐까 한다. 아주 특수한 일을 하지 않는 한, 일반인들에게 1초보다 짧은 시간을 의식하는 건 대개 스포츠 경기를 볼 때 정도다.

단거리 육상, 수영, 스케이팅, 스키, 경륜 등의 속도 경쟁 종목에서는 100분의 1초, 1000분의 1초 단위로도 계측할 수 있다. 이렇게 사소한 차이가 관중을 설레게 하고 기대하게 만든다. 하지만 우리는 보통, 이렇게 1초보다 짧은 시간을 의식하지 않아도 크게 지장 없는 생활을 하고 있다.

청각과 시각, 어느 쪽이 민감?

그렇다곤 해도 우리는 무의식 중에 1초보다 짧은 시간 차를 느끼거나 지각한다는 사실 역시 잘 알고 있다. 그렇다면 기계에 의존하지 않고 우리가 지각할 수 있는 최단 시간은 얼마나 될까? 이에 대한 흥미로운 실험이 있었다. '두 개의 자극을 주고 그것이 동시인지 아닌지를 판단하게 하는' 실험이다.

예를 들어 청각이라면 '두 가지 소리를 들려주고 그것이 동시에 울렸는지'를 판단하게 한다. 그러자 청각에서는 '두 가지 소리가 동시에 나지 않았다고 판단할 수 있는 건 0.02~0.03초의 차이가 필요하다'는 결과가 나왔다. 개인차는 있지만 일반적인 성인의 경우 대개 이 정도의 결과가 나왔다. 청각이 시각보다 짧은 시간을 판단할 수 있는데, 이를 보면 육상 종목의 출발 신호를 권총 소리로 하는 것도 충분히 납득이 간다.

0.03~0.04초의 벽

다만 이건 어디까지나 두 개의 자극이 동시가 아니었다고 판단할 수 있는 시간이다. 어느 쪽의 자극이 먼저고 나중인지 그 순서까지 판단할 순 없다. 순서까지 판단하기 위해서는 시간이 조금 더 필요하다.

　실험에 따르면 '청각과 시각, 촉각 모두에서 0.03~0.04초의 시간 간격이 필요하다'고 한다. 예를 들어 시각 실험에서 처음에는 붉은빛을 보여주고 이어 푸른빛을 보여줬다. 이때 '붉은빛이 먼저고 푸른빛이 나중'이라고 제대로 식별하기 위해서는 양쪽의 자극 간격이 0.03~0.04초가 필요했다. 이 벽을 넘을 순 없다. 아무래도 이 시간이 우리가 지각할 수 있는 최단 시간 아닐까.

2장

·····

정말 우리 몸속에
시계가 있는 걸까?

사람의 생체 시계는 하루 25시간?

생체 시계가 하루를 지배한다

아침이 되면 깨고 밤이 되면 잔다. 거의 모든 이들이 하루를 24시간 리듬에 맞춰 살아가는데, 이를 '서캐디안 리듬(Circadian Rhythms, 개일槪日 리듬)'이라 한다. 우리가 서캐디안 리듬에 맞춰 사는 건, 우리 몸속에 하루 리듬을 관장하는 어떤 시계가 있기 때문이다. 바로 '생체(체내) 시계'다. 예를 들어 밤에 졸린 건 '멜라토닌(melatonin)'이라는 호르몬의 혈중 농도가 높아지기 때문이다. 이 호르몬은 시계 없이도 우리에게 밤이 왔다는 걸 알려주고 몸의 활동량을 저하시켜 졸음을 느끼게 한다.

반대로 새벽녘이 되면 늘어나는 호르몬이 '코르티솔(cortisol)'이다. 부신피질에서 분비되는 이 호르몬은 우리 몸을 깨워 활동도를 높여준다. 또한 잠을 잘 때는 깨어 있을 때에 비해 소변 횟수가 줄어든다. 이 역시 잠들기 전 수면 중에 배뇨, 배변을 억제하는 어떤 스위치가 켜지기 때문이다. 체온이나 혈압도 24시간 주기로 변한다. 체온은 아침에 깨기 전 가장 낮아지고 저녁 이후 높아진다. 혈압은 잠에서 깰 때쯤 다시 상승해 저녁때쯤 최고조에 이른다. 이러한 리듬은 모두 생체 시계가 관장하고 있다.

다른 동물에게도 생체 시계는 있다. 예를 들어 쥐 같은 야행성 동물은 야간 활동에 적합한 서캐디안 리듬을 갖고 있다. 이는 낮 동안 포식자에게 먹힐지 모르는 위험을 피하기 위해서다. 이처럼 생물에게 생체 시계는 '생명의 위협'으로부터 자신의 안전을 지키는 것이기도 하다.

생체 시계는 빛으로 리셋된다!

그런데 '사람의 진짜 하루 리듬은 25시간'이라는 말도 있다.

한 실험에서 대상자들을 일정한 밝기 아래 외부로부터 차

단된 공간에서 며칠간 지내도록 했다. 그 결과 사람들이 하루 25시간의 리듬으로 생활했다고 한다. 왜 25시간인지 그이유는 확실치 않지만, 만일 그렇다고 하면 우리의 생활 리듬에 1시간씩 오차가 생기는 이유가 뭘까?

사실 우리가 매일 24시간 리듬으로 생활하는 건 빛이 생체 시계를 끊임없이 리셋해주기 때문이다. 우리는 눈으로 들어오는 빛에 따라 낮과 밤의 리듬에 동조하는 구조를 갖고 있다. 하지만 쥐를 대상으로 한 연구에서 눈이 보이지 않는 쥐 중에도 낮과 밤의 리듬에 동조할 수 있는 경우가 있다는 사실이 알려졌다. 그것이 어떻게 가능할까?

우리가 사물을 볼 수 있는 건 안구 속 망막이 빛을 인식하기 때문이다. 망막에는 막대 모양의 간상세포(rod cell)와 원뿔 모양의 원추세포(cone cell)라는 두 종류의 광수용체가 있다. 간상세포는 어두워지면 파장이 짧은 파란색에 대한 감도가 좋아지는 수용체고, 원추세포는 밝은 곳에서 파장이 긴 빨간색에 대한 감도가 좋아지는 수용체다.

연구에 사용된 눈이 보이지 않는 쥐는 인공적으로 이 간상세포와 원추세포를 잃게 한 쥐였다. '간상세포와 원추세포 외에도 광수용체가 있는 게 아닐까' 하는 의문을 가진 과학자들이 필사적으로 그 정체를 찾기 시작했다.

'멜라놉신'이라는 단백질

그 과정에서 찾아낸 것이 '멜라놉신(melanopsin)'이라는 단백질이었다. 멜라놉신은 '망막 신경절 세포'에 포함돼 있는데, 이 단백질이 있으면 간상세포와 원추세포 없이도 빛을 받아들인다는 사실이 밝혀졌다. 연구자들은 '멜라놉신이야말로 낮과 밤의 리듬에 몸을 동조시키는 근원'이라고 확신했다. 하지만 이야기는 그리 단순하지 않았다. 멜라놉신이 결여된 쥐라도 낮과 밤의 리듬에 동조할 수 있다는 사실 또한 알아냈기 때문이다. 멜라놉신이 결여돼도 간상세포와 원추세포가 있으면 낮과 밤의 리듬을 조절할 수 있다는 사실이 확인되었기 때문이다.

다만 간상세포와 원추세포, 멜라놉신 모두 결여된 쥐는 낮과 밤의 리듬에 동조할 수 없었다. 이 같은 사실에서 '간상세포와 원추세포, 멜라놉신이 서로 보완해 낮과 밤의 리듬을 조절하는 구조'라는 인식이 자리 잡았다.

생체 시계는 뇌 속에 있다!

생체 시계는 대체 어디에 있는 걸까? 생체 시계가 위치한 장소는 널리 알려져 있다. 바로 뇌 속 시상하부에 있는 '시교차 상핵(Suprachiasmatic nucleus, SCN)'이라는 한 쌍의 세포 집단이다. 쥐를 이용한 동물 실험을 통해 그 사실이 확인됐다. 쥐의 뇌 부분에 손상을 주는 실험을 실시한 결과, 시교차 상핵이 손상된 쥐는 서캐디안 리듬을 잃어버렸다. 졸리거나 먹거나 마시는 타이밍 자체가 불규칙해진 것이다.

이를 통해 '동물의 생체 시계가 시교차 상핵에 있는 것 같다'는 사실을 알았다. 시교차 상핵은 체온과 혈압, 활동 레벨, 각성, 수면 등의 리듬을 만들어낸다. 앞서 이야기한 멜라토닌의 분비 타이밍을 알려주는 것도 시교차 상핵의 역할이다. 멜라토닌은 뇌의 송과체(pineal gland, '솔방울샘'이라고도 부른다)에서 분비되는데, 시교차 상핵은 수면 시간이 가까워지면 송과체에 신호를 줘 멜라토닌을 분비하게 한다. 사람의 경우 쥐처럼 뇌를 손상시켜 실험할 순 없지만, 생체 시계가 시교차 상핵에 있다는 사실 만큼은 틀림없어 보인다.

단백질이 '진자' 역할을 한다

그렇다면 시교차 상핵은 어떻게 시간을 인식할까? 기계식 시계에서는 진자와 진동자로 시간을 구분하게 만드는데, 생체 시계에서는 그런 진자와 진동자를 움직이게 하는 것이 '세포 속 단백질'이다.

24시간 리듬을 관장하는 '시계 유전자'가 있어, 그 세포 속에 어떤 종류의 단백질을 만들기 시작한다. 이 단백질은 신기하게도 세포 속에서 너무 늘어나면 시계 유전자의 움직임을 억제해 단백질이 줄어들게 한다. 그리고 너무 줄어들면 이번에는 반대로 늘어나게 한다. 그 모습은 마치 '진자의 움직임'과 닮아 있다. 진자는 중심점에서 많이 흔들리면 원래 방향(중심점 방향)으로 되돌아간다. 그리고 다시 한 번 중심점을 지나면 반대 방향으로 흔들린다. 생체 시계의 단백질은 너무 늘어나면 줄어들고 줄어들면 재차 늘어난다. 이 하나의 주기가 약 24시간인 것이다.

생물이 왜 이런 구조를 갖게 됐는지를 생각해보면 불가사의하면서도 꽤나 재미있다.

간에도 독자적인 시계가 있다

생체 시계는 시교차 상핵 외에도 존재한다. 시교차 상핵만으로 신체의 모든 세포 리듬을 컨트롤할 수는 없다. 여러 연구를 통해 24시간 리듬을 관장하는 시계 유전자가 몇 개 더 있다는 사실을 알아냈다. 유전자는 제각기 특유의 유전 정보를 갖고 있는데, 이 유전 정보를 기반으로 단백질이 만들어진다. 흔히 유전자라 하면 모두 부모에게 받은 거라 여기는데, 사실 유전자의 가장 큰 역할은 단백질을 만드는 것이다. 따라서 유전자의 발현이란 그 유전자 정보를 근거로 정해진 단백질이 만들어지는 것을 뜻한다. 또 유전자의 정체는 우리가 잘 아는 디옥시리보 핵산(Deoxyribo Nucleic Acid), 이른바 DNA다.

우리 몸속 간에서도 24시간 주기로 움직이는 시계 유전자가 발현된다는 사실이 새롭게 밝혀졌다. 이 간의 시계 유전자는 시교차 상핵이 관장하는 리듬과는 별개로 움직인다는 사실 또한 알려졌다. 시교차 상핵은 빛에 따라 서캐디안 리듬을 조정하지만, 간은 식사 타이밍에 따라 서캐디안 리듬이 변동한다는 것이다. 즉, 불규칙한 식사 시간이 지속되면 간은 독자적인 서캐디안 리듬으로 움직인다.

시차병이
생기는 이유

크루즈 여행에서는 시차병이 생기지 않는다

대략 1920년대 중후반만 해도 해외여행은 일반 서민들에게 좀처럼 이루기 힘든 꿈이었다. 지금은 일본에서만 연간 1700만 명 넘는 이들이 해외여행을 즐기고 있다. 시대가 그렇게 달라졌다.

해외여행에서 걱정되는 건 역시 '시차병'이다. 시차병은 남북 방향으로 이동할 때는 나타나지 않는데, 남북 방향에서는 시차가 생기지 않기 때문이다. 시차병이 생기는 건 동서 방향으로 이동할 때뿐이다. 특히 몇 시간 넘게 시차가 있는 장소로 이동하면 시차병은 현저하게 나타난다. 또 시차병이 생기는 건 비행기로 이동할 때만 한정된다. 호화 여객선으로 우아하게 여행을 즐기는 이들에게는 시차병이 생기지 않는다. 즉, 시차가 있는 장소에 고속으로 이동할 때 시차병이 생기는 것이다. 그런 연유로 영어에서는 시차병을 '제트 래그(jet lag)'라 부른다. 하지만 크루즈 여행처럼 느긋한 시차 변화에는 순조롭게 적응할 수 있다.

야근이 많은 사람에게도 시차병이 생긴다

시차병 증상에는 개인차가 있지만, 대체로 졸음, 불면, 식욕 부진, 구토 증상, 두통, 피로감 등이 있다. 특히 졸음, 불면 같은 수면 장애는 많은 이들이 겪곤 하는데, 이는 생체 시계와 그 지역의 시간대가 달라서 나타나는 증상이다.

생체 시계상으로 낮인데 실제 시간대가 저녁이거나, 거꾸로 생체 시계상으로 저녁인데 실제 시간대가 낮인 게 문제다. 이런 경우 현지에서는 낮인데 강한 졸음이 몰려오거나, 밤인데 눈이 말똥말똥한 상황이 벌어진다. 또 시차병이 생기는 건 해외여행에만 국한되지 않는다. 최근에는 24시간 영업하는 편의점 등에서 야근하는 이들에게도 늘고 있다. 이런

야근을 반복하다 보면 수면 리듬이 깨져 시차병 같은 수면
장애가 나타난다.

시차병을 극복하는 법

그렇다면 시차병을 어떻게 극복할 수 있을까? 해외여행의 경
우 우리나라에서 동쪽 방면(미국 방면)으로 가는 경우와 서쪽
방면(유럽 방면)으로 가는 경우가 있는데, 이때 각각의 대책이
달라진다. 일반적으로 '동쪽 방면으로 갈 때가 서쪽 방면으로
갈 때보다 시차병 증상이 무거운 편'이다. 아무런 대책도 강구
하지 않으면, 만일 시차가 10시간이라면 시차병이 해소되기
까지 대략 열흘 정도 걸린다는 이야기도 있다.

　우선 동쪽 방면으로 가는 경우다. 이 경우 시간을 '거꾸로
돌아가' 생체 시계를 앞으로 당길 필요가 있다. 즉, 여행 전부
터 기상과 취침 시간을 조금 앞당길 필요가 있다. 이를 위해
서는 기상하자마자 밝은 빛을 30분 넘게 쬐어주는 게 좋다.
일찍 정신을 차리고 점심과 저녁 식사도 조금 일찍 한다. 이
를 반복함으로써 조금 더 빨리 시차병이 해소될 수 있다.

　만일 이렇게 해도 시차병이 해소되지 않을 경우 멜라토닌
이 함유된 보충제를 먹는 방법도 있다. 멜라토닌은 수면을 유

도하는 호르몬으로, 원래 야간이 되면 체내에서 활발하게 분비된다. 혹여 시차병을 겪을 때는 멜라토닌 복용으로 좀 더 편안히 수면에 들 수 있다.

다음으로, 서쪽 방면으로 갈 때의 시차병 해소법이다. 이 경우 시간이 '앞서 흘러가기에' 생체 시계를 뒤로 늦출 필요가 있다. 여행 전부터 취침과 기상 시간을 늦추고, 이를 위해 취침 전 밝은 빛을 쬐어주는 게 효과적이다.

뇌에는 타이머가 있을까?

시간 길이의 차이를 판단하는 뇌

우리는 시계를 보지 않고도 30초와 1분의 시간 차를 판단할 수 있다. 마치 뇌 속에 타이머가 있는 것처럼 말이다. '대체 뇌 속 어디에 타이머가 있을까?' 이 같은 궁금증을 직접 실험으로 조사한 이가 있다.

현재는 fMRI(기능적 자기공명영상법) 장치로 뇌의 움직임을 알 수 있다. 병원 검사에서 MRI(Magnetic Resonance Imaging) 장치를 사용하는 경우가 있다. MRI는 주로 각종 암이나 뇌경색, 뇌종양 등의 진단에 사용되는데, 자기장을 이용해 신체에 있는 수소 원자핵을 공명시켜 발생한 전파를 화상으로 보여준다. 조금 더 자세히 설명해보면, 수소 원자는 원자핵(수소의 경우 1개의 양성자)과 1개의 전자에서 발생한다. 각 수소 원자핵은 통상 제각각 팽이처럼 뱅글뱅글 회전한다.

여기에 자기장을 걸면 제각각이던 각 수소의 원자핵 회전 방향이 한 방향으로 통일된다. 그리고 자기장 거는 것을 멈추면 원자핵은 원래대로 되돌아간다. 이 돌아가는 속도는 신체 각 조직마다 다르기 때문에 그 속도 차이를 화상으로 보여준다.

MRI는 CT(Computed Tomography, 컴퓨터 단층촬영)와 달리 방사선을 사용하지 않기 때문에 피폭의 우려가 없다. fMRI의 원리는 MRI와 같지만, 주로 뇌에다 사용하기에 뇌 속 혈류량의 변화 등을 측정할 수 있다. 뇌를 손상시키지 않으면서도 뇌의 움직임을 알 수 있기 때문에, 현재 뇌 연구자들 사이에서 활발히 이용되고 있다.

타이머는 뇌 속 어디에 있을까?

이 fMRI를 사용해 '뇌 속 어디에 타이머가 있는지' 실험한 이가 신경심리학자 스티븐 라오(Stephen Lao)의 연구 그룹이다.

이들은 실험 대상자들에게 짧은 음을 두 번 들려주고, 그 음과 음 사이의 시간 간격을 뇌 속 어느 부분에서 지각했는지 조사했다. 구체적으로는 우선 '뿌―' 하는 두 가지 소리를 1.2초 간격을 두고 들려줬다. 이어 동일하게 '뿌―' 하는 두 가지 소리를 1.32초와 1.08초 간격을 두고 들려줬다.

실험 대상자에게는 처음 1.2초 간격을 둘 때에 비해 1.32초와 1.08초 간격을 둔 경우 간격이 길었는지 짧았는지를 판단하도록 했다. 길다고 느낄 때는 검지로, 짧다고 느낄 때는 중지로 키를 누르도록 했다. 이때 대상자들의 뇌 상태를 fMRI로 측정한 결과, 소리 간격의 길이를 판단할 때 '대뇌 기저핵(basal ganglia)' 부분이 활성화된다는 사실을 알아냈다. 소리의 높이 차를 판단하는 실험도 했는데 이 경우에는 대뇌 기저핵의 활동에 아무런 변화도 나타나지 않았다.

이 실험을 통해 '대뇌 기저핵이 짧은 시간 간격을 판단하는 타이머 역할을 한다'는 사실을 알았다. 대뇌 기저핵은 대뇌피질과 뇌간(brain stem)을 연결하는 부분에 있어 운동 기능과도 밀접한 관계를 갖는다. 예를 들어 운동 기능에 장애가 나타나는 파킨슨병은 대뇌 기저핵의 도파민 부족이 원인이다. 또 소리 간격 실험에서는 우뇌의 대뇌 기저핵만 움직이고 좌뇌의 대뇌 기저핵은 움직이지 않는다는 사실도 알아냈다. 우뇌는 음악과 관계돼 있다고 알려져 있다.

또 음악 리듬을 탈 때 대뇌 기저핵과 소뇌의 활동이 활발해진다는 사실도 알았다. 이 같은 결과를 통해 대뇌 기저핵은 음악처럼 짧은 시간 간격을 처리할 때 필요한 활동과 관련 있다는 사실을 알 수 있다.

동물에 따라
시간이 다르다?

체중이 많이 나갈수록 시간은 길어진다!

동물은 저마다 몸 크기에 맞게 움직이는데, 쥐는 빠르고 정신 없이 움직이는 데 반해 코끼리는 다소 느리지만 당당히 움직 인다. 동물생리학자인 모토카와 다쓰오(本川達雄) 교수에 따 르면 '동물의 체중과 시간 길이에는 밀접한 관계가 있다'고 한 다. 즉, 체중이 늘어날수록 뭔가 하는 데 시간이 더 걸린다는 것이다.

이 밖에 심장 박동 간격과 체중 사이의 관계를 조사한 이 들도 있다. 그 연구 결과 '시간은 체중의 4분의 1 제곱에 비례한다'는 사실이 알려졌다. 이 말은 '체중이 16배가 되면 시간이 두 배가 된다'고 이해하면 된다. 단순하게 체중이 두 배 는다고 시간이 두 배가 되는 것은 아니라는 게 이 연구 결과의 재미난 점이다.

이를 통해 '체중이 늘어나는 데 비해 시간이 길어지는 변화는 매우 느리게 나타난다'는 점을 알 수 있었다. 심장 박동의 간격, 숨쉬는 시간 간격, 혈액이 체내를 한 바퀴 도는 시간, 음식물이 몸속에 들어왔다가 배출되기까지 걸리는 시간 등 다양한 시간이 이 비례에 들어맞았다.

쥐는 쥐의 시간, 코끼리는 코끼리의 시간

1분간 심장 박동 수는 몸 크기가 작은 쥐에서는 600회 정도 나타나는 데 비해 몸이 큰 코끼리의 경우 20회 정도 나타난다. 그뿐만이 아니다. 태아가 엄마 뱃속에 있는 시간, 어른 크기로 성장하기까지 걸리는 시간, 성적으로 성숙하기까지의 시간 등도 마찬가지로 이 비례에 따른다. 정말 불가사의한 일이다.

이렇게 보면 쥐처럼 크기가 작은 동물의 시간 감각과 코끼리처럼 큰 동물의 시간 감각이 다르지 않을까 싶다. 쥐처럼 빠릿빠릿하게 움직이는 동물의 '심적 시간'은 빠르게 진행되고 코끼리처럼 동작이 느린 동물의 '심적 시간'은 천천히 흐르지 않을까.

쥐나 코끼리에게 실제로 시간을 어떻게 느끼는지 물어볼 순 없지만, 그들의 움직임을 보면 그렇게 느껴지기 때문에 더더욱 불가사의하다. 쥐에게는 쥐의 시간이 있고 코끼리에게는 코끼리의 시간이 있으며, 사람에게는 사람의 시간이 있다. 그렇게 보면 자연계가 더없이 신비로워 보인다.

몸 크기와 수명의 관계

이 밖에 '몸 크기와 수명도 관계가 있는' 것 같다. 앞서 소개한 모토카와 교수에 따르면 '포유류는 어떤 동물이든 평생 심장 박동 수가 20억 회에 달한다'고 한다. 그렇게 보면 몸이 작은 쥐는 심장 박동이 빠르기 때문에 코끼리에 비해 더 빨리 20억 회에 이르게 되고, 그로 인해 쥐의 수명도 몇 년 안에 다하고 만다. 반대로 코끼리처럼 박동이 느린 동물은 마찬가지로 20억 회에 이르기까지 더 긴 시간이 걸리기 때문에 코끼리가 100년 가까이 장수할 수 있는 것이다.

그렇다고 '쥐의 생애가 덧없이 무상하느냐' 하면 꼭 그렇지도 않다. 쥐는 쥐 나름의 '빠른 템포로' 살아가기 때문에 코끼리에 결코 뒤지지 않을 만큼 많은 체험을 한다. 쥐는 쥐 나름대로, 코끼리는 코끼리 나름대로의 행복이 있기에 그걸 꼭 수명으로만 판단할 순 없다.

그럼에도 '몸 크기에 따라 그 동물의 시간이 좌우된다'는 점만큼은 확실히 불가사의해 보인다.

벚꽃이 매년 봄에 피는 이유

벚꽃의 온도 센서

매년 봄이 찾아올 때면 TV에서는 '벚꽃이 피는 예상 시기'가 보도된다. 벚꽃이 피는 곳마다 시끌벅적한 꽃놀이 광경이 펼쳐진다. 보통 이때는 학교나 직장 모두 새로운 시작과 겹치는 시기이기에 만개한 벚꽃 풍경을 더더욱 잊을 수 없다. 아마도 벚꽃이 없다면 봄은 꽤나 쓸쓸할 것 같다.

그런데 벚꽃은 왜 매년 봄이 되면 필까? 벚꽃은 봄이 왔음을 어떻게 알까? 예를 들어 사람이라면 달력이나 기상 예보 등을 통해 개화 시기를 예측할 수 있지만, 벚꽃은 물론 그런 수단이 없다. 벚꽃에서는 보거나 듣는 오감 같은 감각기를 찾지 못했다. 그럼에도 벚꽃은 어떻게 봄이 왔다는 사실을 알 수 있을까?

벚꽃이 피는 건 추운 겨울이 지나고 비로소 따뜻해질 때다. 여기서 추측해보면, 벚꽃은 어떤 방법을 통해 겨울의 추위와 봄의 따뜻함을 감지하고 꽃을 피우는 게 아닐까? 즉, 어딘가에 '온도 센서' 같은 게 있는 듯하다. 그 벚꽃의 온도 센서가 꽃이 피는 싹에 있는 게 아닐까 추측해볼 수 있다.

개화와 온도의 관계

벚꽃의 싹은 여름이 끝날 때 꽃잎의 토대가 생기고 추운 시기에는 그대로 휴면에 들어간다. 그리고 봄을 맞아 따뜻해지기 시작하면 휴면에서 깨어나 급속히 성장을 시작하고 개화한다. 벚꽃이 피는 예상 시기는 '추운 날이 얼마나 이어지고 어느 정도의 속도로 기온이 오르는지'에 따라 산출된다. 또한 벚꽃은 아직 봄이 안 왔는데 갑자기 급속도로 피기도 한다. 추운 날이 계속된 뒤 갑자기 따뜻해지면 싹에서 봄이 왔다고 착각해 꽃을 피우는 것이다.

사실 싹이 휴면에 들어가는 데는 휴면을 유도하거나 개화를 억제하는, 잎에서 분비되는 어떤 물질도 관계돼 있을 것이다. 이를 통해 이상 기후, 병충해 등으로 잎이 떨어지는 시기가 아님에도 잎이 사라져버리면 벚꽃이 급속도로 피어나기도 한다.

단일식물과 장일식물

벚꽃만이 아니라 식물은 일반적으로 개화 시기를 결정하는 센서를 갖고 있다. 그 센서가 일조 시간이나 온도를 감지하고 꽃 피우는 시기를 추측한다. 예를 들어 코스모스, 국화, 벼 등은 낮의 일조 시간이 짧아지면 꽃이 핀다. 이러한 식물을 '단일식물(short-day plant)'이라 부른다.

나중에 이런 식물은 짧은 일조 시간보다 밤의 길이를 감지해 꽃을 피운다는 사실이 알려졌다. 하지만 처음에는 짧은 낮을 기준으로 봤기에 단일 식물로 명명됐다. 어릴 때 여름 방학에 나팔꽃을 길러본 이가 많을 텐데, 바로 그 나팔꽃도 대표적인 단일 식물이다.

나팔꽃은 하지(夏至)를 지난 7월부터 8월까지가 개화 시기다. 하지는 '낮 시간이 가장 길고 밤이 가장 짧은 시기'를 말한다. 나팔꽃은 잎 등을 통해 밤의 지속 시간을 감지하고 어떤 종류의 식물 호르몬을 분비해 꽃을 피운다. 나팔꽃처럼 친근한 식물도 이렇게 복잡한 구조가 갖춰져 있다는 데 새삼 놀라게 된다.

나팔꽃과는 반대로 일조 시간이 길어지면 꽃을 피우는 식물도 있다. 바로 '장일식물(long-day plant)'이다. 이 역시 사실은 짧은 밤을 감지하는 식물로 유채꽃, 무, 시금치 등이 대표적으로 꼽힌다.

3장
·····

1초의 길이는
어떻게 정해질까?

아리스토텔레스의 생각

시간에도 관심을 가진 철학자

이번에는 시간을 조금 철학적으로 생각해보려 한다. 그렇다고 아주 어려운 이야기를 할 건 아니니 지레 겁먹진 말자.

오래전부터 많은 철학자들이 시간에 관해 생각했는데, 그 중 한 사람이 우리가 잘 아는 아리스토텔레스다. 그는 기원전 4세기 마케도니아 스타게이로스에서 의사의 아들로 태어나 17살 때 아테네의 플라톤 아카데미에 들어갔다. 학교에서 책을 가장 많이 읽는 것으로 알려질 만큼 학업에 열중하던 아리스토텔레스는 이윽고 학장 플라톤의 조교를 맡았다.

하지만 플라톤이 세상을 떠나고 그의 조카인 스페우시포스 (Speusippos)가 새 학장에 취임하자 아카데미를 나왔다. 그러고는 친구인 테오프라스토스(Theophrastos)와 소아시아의 아소스로 건너가 직접 연구소를 설립했다.

이후 마케도니아로 돌아온 그는 훗날 알렉산드로스 대왕이 되는 알렉산드로스 왕자의 가정교사를 맡았다. 그리고 시간이 흘러 다시 아테네로 돌아와 자신의 학교인 리케이온(Lykeion)을 창설하기에 이른다. 그는 많은 분야에 업적을 남겼는데, 현재 남겨진 저작만 해도 형이상학, 논리학, 물리학, 심리학, 생물학, 윤리학, 정치학, 시학 등 실로 다양한 분야에 걸쳐 있다. 그가 쌓은 체계는 훗날 아라비아를 경유해 중세 유럽에까지 전해져 기독교 신앙과 결부된 스콜라 철학(Scholasticism)을 낳았다.

아리스토텔레스가 생각한 시간

아리스토텔레스는 시간에 대해서도 큰 관심을 보였다. 그의 책《자연학(Physics)》에는 다음과 같은 기술이 나온다. "시간이란 전과 후에 관계된 운동의 수(數)다." 물론 이 문장만 봐선 쉽게 이해하기 어려울지 모른다.

우리가 '시간이 흘렀다'고 느끼는 건 '어떤 일이 앞(전)에서 뒤(후)로 이동했을 때'를 말하는데, 아리스토텔레스는 전과 후를 구별하는 게 바로 '지금'이라고 생각했다. 여기서 '전'이란 더 앞의 '지금'이며 '후'란 더 뒤의 '지금'이기 때문이다. 더 앞의 '지금'에서 더 뒤의 '지금'으로 '지금'이 이동하는 게 운동이라면 그런 '지금'의 이동 수, 즉 그 길이가 시간인 것이다.

변화의 수=시간?

조금 어려울지 모르지만, 운동이란 곧 '어떤 일(사물)이 변화하는' 걸로 이해하면 된다. 그리고 그 '변화의 수'가 시간이라 할 수 있다. 아리스토텔레스는 '운동이나 변화를 통해 비로소 시간을 인식할 수 있다'고 생각했다.

우리는 수도꼭지에서 물방울이 똑똑 떨어지는 모습에서 시간이 지났음을 느낀다. 또 새가 날아가거나 사람이 걷거나, 혹은 자동차가 달리는 모습을 보고 시간이 지났음을 느낀다. 이보다 더 직접적으로는 시계 초침이 움직이는 모습에서 시간이 흘렀음을 느낄 수 있다.

옛날 사람들은 태양의 움직임이나 달이 차오르는 변화로

시간의 경과를 인식했다. 어떤 일(사물)의 운동이나 변화에 따라 시간의 경과를 느낀 것이다.

자, 그렇다면 한 번 상상해보자. 만일 창 하나 없는 빈방이 있다고 할 때 그 안에서는 시간이 흘렀다고 말할 수 있을까? 물론 그 안에서도 시간의 흐름을 느낄 수 있다. 왜냐하면 우리가 '시간은 계속 흘러가는 것'이란 '당연한' 인식(지식)을 갖고 있기 때문이다. 그럼 그런 지식이 없는 옛날 사람이었다면 어떨까? 지금의 우리와 같았을까, 아니면 달랐을까? 이미 그 자체로 흥미롭다.

기본적으로 방에 변화가 없어도, 우리 몸에는 생체 시계가 있고 심장은 계속 뛴다. 그리고 끊임없이 숨을 쉬며 때가 되면 배도 고프다. 우리 몸 자체가 운동을 하고 있다면 동시에 어떤 변화도 일어나고 있는 법이다. 그런 의미에서 엄밀히 '변화 없는 방'이라는 건 존재하기 어려워 보인다.

여러 가지 상상이 포함돼 있지만, 지금으로부터 2400년이나 앞서 시간에 대해 깊이 고찰했던 아리스토텔레스는 이미 그 자체로 위대하다는 사실을 다시 한 번 느낄 수 있다.

아리스토텔레스에게 '지금'이란?

아리스토텔레스에게 '지금'은 단순히 시간에만 한정되지 않았다. '지금'은 시간을 과거와 미래로 구별하는 도구였다. 그리고 '지금'은 어떤 시간의 시작임과 동시에 어떤 시간의 끝이기도 해, 시간을 '연속하는 대상'으로 봤다.

조금 어려울지 모르나, '지금'은 어느 시점을 두고 봐도 동일한 '지금'이다. 하지만 모든 '지금'이 전후 관계로 구별된다. 그 의미에선 연이어 나타나는 '지금'은 항상 새로운 '지금'이며 그러한 '지금'은 모두 다르다. 아리스토텔레스에게 '지금'은 이렇게 이중적인 성질을 갖고 있다. '지금'은 어떤 의미에서는 똑같지만, 또 어떤 의미에서는 완전히 다른 것이기도 했다.

제논의
패러독스

아킬레우스와 거북

세상에는 생각조차 쉽지 않은 이치를 발견해내는 이들이 있다. 기원전 5세기 그리스의 철학자로 활동한 제논(Zenon)이 바로 그런 인물이다. 그는 '4가지 패러독스(Zenon's Paradoxes)'를 공개했는데, 여기서 패러독스란 우리가 아는 '역설'을 말한다. 또 꽤나 그럴듯해 보이는 이치이면서 한편으로는 현실과 다른 결론이 도출되는 문제를 가리키기도 한다. 그중 유명한 것 중 하나가 '아킬레우스와 거북의 패러독스'다.

트로이 전쟁을 승리로 이끈 영웅 아킬레우스는 발이 빠른 것으로 유명하다. 반면 거북은 발이 느린 것으로 잘 알려진 동물이다. 바로 그런 아킬레우스와 거북이 경주한다면 어떻게 될까?

이때 거북이 '더 느리다'는 핸디캡을 보완하기 위해 조금 앞서 출발했다. 시작 신호와 함께 뒤에서 달리던 아킬레우스는 어느새 거북이 있던 시섬에 도착했지만, 이미 그때는 거북이 조금 더 앞으로 나간 상태였다. 이에 아킬레우스가 열심히 달려 다시 거북이 있던 지점에 도달했지만, 그때도 이미 거북이 조금 더 앞으로 나갔다. 이처럼 아무리 아킬레우스가 거북을 추월하려 해도 결코 거북을 따라잡을 수 없는 것이다. 현실에서야 아킬레우스가 거북을 금방 추월할 수 있지만 이론상 이 패러독스를 뒤엎기란 어렵다. 이 밖에도 '이분법의 패러독스(Dichotomy Paradox)', '경기장의 패러독스(Stadium Paradox)' 등이 있다.

날아가는 화살은 날지 않는다?

4가지 패러독스 가운데 시간과 깊은 관련이 있는 것이 '화살의 패러독스(Arrow Paradox)'다.

제논에 따르면, 날아가는 화살을 잘 관찰해보면 '지금'이란 순간은 정지해 있다. 그리고 다음 순간에도 화살은 정지해 있다. 그렇게 순간마다 화살이 정지해 있기 때문에 화살은 날아갈 수 없다는 것이다.

예를 들어 고성능 고속 카메라로 날아가는 화살을 연속 촬영했다고 치자. 그러면 아마 여러 장의 '정지된 화살' 사진만 찍을 수 있다. 하지만 그 정지된 화살 사진을 아무리 모아봐야 날아가는 화살이 되지는 않는다는 것이다.

순간이란 무엇일까?

이렇게 설명하면 '그런가' 싶지만, 또 현실에선 엄연히 화살이 날아갈 수 있다. 이 날아가는 화살의 역설은 단순한 것 같지만 철학적으로는 꽤 어려운 문제다. 제논이 말했듯 매 순간 화살이 정지해 있다고 했는데, 그렇다면 그 '찰나의 순간'이란 무엇일까? 우리는 순간이란 말을 아무렇지 않게 사용하지만, 사실 그 의미에 대해선 깊이 생각해본 적이 거의 없다.

보통 우리는 시간을 '과거에서 미래로 향하는 직선 같은 것'으로 인식하고 있다. 직선을 아무리 쪼개도 '최소한의 길이'라는 게 없다. 아무리 쪼개고 또 쪼개봐야 분명 '길이가 있는 선분(한정된 길이의 직선)'이다. 마찬가지로 시간을 아무리 쪼개도 '최소한의 시간'이라는 게 존재하지 않는다.

그렇다면 제논이 말한 '순간'이란 무엇일까? 결국 순간이라는 그 정의 자체부터 의심할 수밖에 없다. 이렇게 보면 날아가는 화살의 역설도 일반적인 방법으론 다루기 힘들다는 걸 알 수 있다. 오히려 제논은 그 순간의 정의보다 순간이 존재한다는, 우리들의 상식적인 시간 개념에 의문을 던지고 싶었던 게 아닐까.

'시간의 화살'이란 무엇일까?

엎질러진 물은 원 상태로 되돌릴 수 없다

'이미 엎질러진 물'이라는 말이 있다. 한번 엎질러버린 물은 다시 원 상태로 되돌릴 수 없다는 뜻이다. 즉, 이미 저질러버린 일은 돌이킬 수 없다는 것이다. '그런 행동을 하지 말았어야 했는데…' 후회해봐야 소용없다. 마음에도 없는 말로 여자 친구를 화나게 한 남성은 이미 뱉은 말을 취소할 수 없다. 이 경우 유일한 해결책은 그저 여자 친구에게 진심을 다해 사과하는 것뿐이다.

그럼에도 용서받지 못할 경우 자칫 둘 사이는 파국을 맞을 수 있다. 그저 말 한마디 때문에 돌이킬 수 없는 결과를 초래한 것이다. 과거로 돌아가 다시 한 번 해볼 수 있다면 좋겠지만, 그건 좀처럼 이루지 못할 바람이요 희망사항에 불과하다.

시간은 과거에서 미래로 흐른다!

시간은 항상 괴기에서 내래로 흐른다. 미래에서 과거로 역방향으로 흐르는 건 없다. 이처럼 과거에서 미래로(한 방향으로) 흘러가는 시간의 성질을 영국의 천문학자이자 물리학자인 아서 에딩턴(Arthur Eddington)은 '시간의 화살(Arrow of Time)'이란 말로 정리했다.

무심코 책상에서 떨어뜨려 깨뜨리고 만 컵은 원 상태로 되돌릴 수 없다. 만일 떨어뜨린 컵이 깨지는 모습을 촬영했다 치자. 촬영한 영상을 거꾸로 재생하면 깨진 컵이 원 상태로 되돌아가지만 자연계에선 이런 일이 벌어지지 않는다. 어려운 말로 하자면 시간은 '불가역적(irreversible)'인 것이다. 영상을 거꾸로 재생하는 것처럼 돌아갈 수 없다.

시간의 화살과 엔트로피

그렇다면 왜 시간은 과거에서 미래로 불가역적으로 흐를까?

사실 이 '시간의 화살' 문제는 물리학적으로도 해결하기 어려운 난제다. 이에 대한 하나의 해결책으로 '엔트로피(entropy)' 개념을 통해 설명하는 경우가 있다. 엔트로피라는 말을 아마 한 번쯤 들어본 적이 있을 것이다. 한마디로 정리하자면 엔트로피는 '무질서함의 정도'를 뜻한다. 사물이 정리정돈된 상태는 엔트로피가 작고, 뿔뿔이 흩어져 있을수록 엔트로피는 커진다.

밀크커피를 예로 들어보자. 처음에 커피와 우유는 완전히 별개의 사물이었다. 이는 질서가 지켜진 상태를 뜻한다. 하지만 우유를 커피에 넣고 섞으면 점점 커피와 우유의 구별이 사라진다. 점차 무질서해지는 것이다. 이렇게 커피와 우유가 섞여 밀크커피가 되는 상태를 '엔트로피가 증가했다'고 표현한다. 또 뜨거운 물을 끓인 냄비 속에 차가운 물이 담긴 컵을 넣었다면, 밖에서 열을 가하지 않는 한 시간이 지날수록 냄비 속 뜨거운 물과 컵 속 차가운 물은 동일한 온도가 될 것이다. 이 역시 엔트로피가 증가한다고 볼 수 있다.

조금 더 큰 규모로 보자면, 우주도 엔트로피가 시시각각 증가하고 있다. 현재 어느 정도 파악된 바로도 우주는 계속 팽창하고 있다. 그리고 팽창을 지속하는 동안 우주 곳곳이 점차 동일한 온도가 되어가고 있다. 우주에서도 엔트로피는 증가 추세에 있는 것이다.

우주 전체가 동일한 온도가 되어버리는(열의 이동이 일어나지 않는) 것을 '열죽음(heat death)'이라 부르는데, 이는 곧 '우주의 종말'을 뜻한다. 이처럼 자연계에서는 시간이 경과함에 따라 엔트로피가 계속 증가하며 그 역방향은 일어나지 않는다. 이를 '엔트로피 증가의 법칙'이라 부르며, 그런 연유로 '시간의 화살'은 한 방향으로 이뤄진다.

1초의 길이는 어떻게 결정될까?

시간의 기준은 원래 지구의 자전 속도였다!

1초라 하면 불과 얼마 안되는 순간이지만, 세상에는 그 1초에 전력을 기울이는 사람도 있다. 특히 스포츠의 세계, 그중에서도 육상이나 수영 종목에서는 1초를 두고 경쟁하는 치열한 싸움이 펼쳐진다. 아니, 더 정확히 말하자면 0.1초 이하의 미세한 차이로 승부가 결정되기도 한다. '고작' 1초가 '무려' 1초가 되는 것이다. 선수에게 1초 차이는 곧 승패를 가르는 운명의 갈림길이나 다름없다.

그런데 이 1초의 길이는 어떤 기준으로 정해졌을까?

처음 그 기준은 '지구의 자전 속도'였다. 지구가 한 바퀴 회전하는 시간이 24시간이고, 이를 24분의 1로 나누면 1시간의 길이가 산출된다. 그러고 나서 1시간의 60분의 1이 1분, 1분의 60분의 1이 1초의 길이가 된다. 이처럼 1초의 길이는 하루 24시간의 길이가 먼저 정해진 뒤, 거기서 역산해 도출된 길이였다.

이후 원자의 진동을 기준으로

하지만 이후 '지구의 자전 속도가 시간 기준으로 삼기엔 부적합하다'는 사실이 알려졌다. 지구가 항상 정확히 같은 속도로 돌지는 않기 때문에, 지구 자전을 시간 기준으로 삼기에는 다소 부정확한 면이 있다는 사실이 밝혀진 것이다. 그래서 더 정확한 시간 기준이 필요했는데, 그 대체 기준으로 떠오른 것이 '원자의 진동'이었다.

여기서 원자(atom)란 '모든 물질을 구성하는 최소 단위'를 말한다. 예를 들어 수소 원자, 산소 원자, 탄소 원자 등 다양한 원자 조합에 따라 사물의 형태가 만들어진다. 수소 원자 2개와 산소 원자 1개가 합쳐져 물이 되는 건 상식이다. 지금까지 발견된 원자는 100개가 넘지만, 그중에 매우 정확한 시간을 가리키는 것이 있다. 그 원자를 시간 기준으로 삼은 게 바로 '원자시계'다.

사용되는 원자는 세슘 133

현재 '시간의 기준'으로 사용되는 것이 '세슘(cesium. 알칼리 금속 원소의 하나로 원소 기호는 Cs, 원자 번호는 55. 무르고 밝은 금색으로 실온 정도에서 액체 상태로 있다―옮긴이)'이다. 어? 세슘이라고? 가만 보자, 어디서 들어본 적 있지 않나? 그렇다. 2011년 동일본 대지진 당시 후쿠시마 제1원전 사고로 방출된 방사성 물질 중 하나가 바로 세슘이었다. 그래서 좋지 않은 인상을 남겼지만, 세슘은 우리가 생각지도 못한 곳에서 도움이된다.

세슘에는 몇 가지 종류가 있는데, 그중 원자시계에 사용되는 건 '세슘 133'이다. 세슘 133은 안정된 원자이지만 마이크로파를 쏘면 활성화된다. 이때 나타나는 진동의 91억 9263만 1770 주기가 1초가 된다. 뭔가 상당히 멀게 느껴지는 숫자다. 정확한 1초의 정의는 '계량단위령(計量單位令, 1953년 일본 내각에서 계량·측정의 기준을 설정한 제도―옮긴이)'에 다음과 같이 기록돼 있다.

"세슘 133 원자의 기저 상태의 두 가지 초미세 단위 사이의 천이(遷移, 옮기어 바뀜)에 대응하는 방사 주기의 91억 9263만 1770배에 상응하는 시간."(우리나라에서도 계량단위령을 준용해 국가표준기본법 시행령 별표 1에 '1초는 세슘 133 원자의 바닥 상태에 있는 두 초미세 준위準位 사이의 전이에 대응하는 복사선의 91억 9263만 1770 주기의 시속시간'이라고 정의했다.─옮긴이) 말만 들어도 머리가 지끈지끈하다.

어쨌든 현재는 이 '세슘 133 원자에 의한 1초'를 기준으로 그 60배가 1분, 3600배가 1시간이 됐다. 세슘 133을 사용한 원자시계는 매우 정확하지만, 1억 년에 1초 정도의 오차는 존재한다.

사실 인간의 탐구심에는 한계가 없어서 현재 이보다 더 정확한 시계가 개발됐다. 빛의 주파수를 이용한 '광격자(光格子) 시계'가 그 주인공이다. 일본 도쿄대의 가토리 히데토시(香取秀俊) 교수 팀이 개발한 이 시계는 100억 년 이상 지나도 1초 이하의 오차밖에 생기지 않는다고 한다. 그래서 '세슘 원자시계 다음으로 시간의 기준이 되지 않을까' 기대를 모으고 있다.

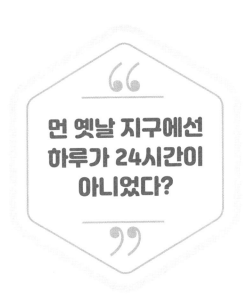

지구의 자전 속도는 점차 느려지고 있다!

앞서 하루가 24시간인 건 지구의 자전 속도를 기준으로 정해졌다고 했지만(엄밀히 말하자면 자전 속도는 약 23시간 56분 4초이지만), 그 자전 속도는 일정하지 않다. 현재 지구의 자전 속도는 점차 느려지고 있다. 과거로 거슬러 올라가면, 아주 먼 옛날에는 지구가 지금보다 더 빨리 회전했다. 어언 5억 년 전 지구의 하루는 21시간이었다는 게 이미 다양한 증거로 확인됐다. 만일 오늘날 하루가 21시간밖에 안된다면 우리는 훨씬 더 바쁘게 살지 않았을까.

지구의 회전이 느려지게 된 제1원인은 바로 '조석 마찰(tidal friction)' 때문이다. 잘 알다시피 바닷물은 들어찼다 빠지는, 소위 만조와 간조를 반복한다. 바로 이 과정을 통해 해수와 해저에 마찰이 생기고, 그 마찰력에 의해 지구의 자전 속도가 느려지는 것이다.

그럼 어느 정도의 비율로 자전 속도가 느려지고 있을까? 현재 나와 있는 데이터로는 '100년에 약 2밀리세컨드(millisecond) 늦어진다'고 한다. 여기서 1밀리세컨드는 '1초의 1000분의 1', 그러니까 0.001초를 말한다. 이 비율에 따르면 10만 년 후의 지구 자전은 지금보다 2초 늦어지게 된다. 그리고 1억 8천만 년 정도가 지나면 자전 속도는 25시간이 되는데, 그때 지구에선 하루가 25시간이 되는 것이다.

아주 먼 미래이기에 우리와 상관없는 이야기처럼 들릴지 모른다. 솔직히 그때까지 우리 인류가 존속한다는 것조차 확신할 수 없을 테니까.

12라는 숫자

먼 미래는 차치하고 현재만 놓고 보자면 우리는 매일 24시간 단위로 살아간다. 일 계획을 세우는 것도 하루 24시간이 기준이 된다. 그런데 왜 하루가 24시간, 1시간이 60분, 1분이 60초로 결정됐을까? 예를 들어 24보다 더 딱 떨어지는 20시간으로 한다든지, 1시간을 100분으로 한다든지 더 다양한 결정법이 있었을 텐데 말이다.

현재 우리는 10진법에 익숙하지만 시간만큼은 12진법과 60진법을 사용한다. 12진법, 60진법은 10진법보다 훨씬 더 오랜 역사를 갖고 있다.

그럼 12진법은 어떻게 탄생했을까? 옛날 사람들은 '달이 30일 정도에 걸쳐 차고 기울어지는 삭망 과정을 반복한다'는 걸 알았다. 그리고 그 달이 차고 기울어지는 과정이 12번 반복되면 1년이 된다는 것 역시 알았다. 12라는 숫자가 매우 중요한 이유다.

또 12진법이 우수한 점은 12라는 숫자가 2, 3, 4, 6으로 나눌 수 있다는 데 있다. 10진법으로는 2와 5로밖에 나눌 수 없지만, 60이라는 숫자는 2, 3, 4, 5, 6, 10, 12, 15, 20, 30 등 많은 숫자로 나눌 수 있다. 실용성을 감안하면 아무래도 12진법, 60진법이 10진법보다 더 우수하다고 볼 수 있다.

하루를 24시간으로 삼은 건 고대 이집트

하루를 24시간으로 삼은 건 언제부터였을까? 고대 이집트에서는 낮과 밤을 각각 12시간으로 나눴다. 초기에는 낮의 경우 해가 떠 있는 10시간과 어스름 때의 2시간으로 나눴다는 기록도 있다.

이때만 해도 해가 떠 있는 시간의 경우 해시계 등을 이용해 측정하고, 밤 시간은 별자리의 움직임을 보고 측정했다고 한다.

한편 고대 바빌로니아의 산술은 60진법을 사용했다. 그로 인해 하루를 60으로 나누고, 그걸 또 60분의 1로 나눴다. 꽤나 세밀한 분할법이다.

어쨌든 하루를 24시간으로 삼은 건 일찍이 고대 이집트에 기원이 있고, 시간 단위에 60진법을 채용한 건 고대 바빌로니아라 할 수 있다.

물론 긴 역사 동안 시간의 12진법, 60진법을 개혁하려는 움직임도 분명 있었다. 바로 프랑스혁명 때다. 당시 혁명 정부는 하루를 10시간, 1시간을 100분, 1분을 100초로 삼는 10진법을 채용했다.

하지만 그 개혁 방안은 실용적이지 않아 정착되지 못한 채

폐기되고 말았다. 하지만 지금도 프랑스에는 10진법과 12진법을 모두 적용한 시계가 남아 있다.

태양력과
태음력의 차이

꽉 찬 달과 텅 빈 달

현재 우리가 사용하는 달력은 '태양력(Solar Calendar)'인데, 이 외에 '태음력(Lunar Calendar)'이란 달력도 들어본 적이 있을 것이다.

태음력은 '달이 차고 기우는 것을 기반으로' 한 달의 길이를 정한다. 구체적으로는 초승달이 보이는 날부터 다음 초승달이 보이는 날까지를 한 달로 삼는다. 이렇게 하면 평균적으로 약 29.5일(정확하게는 29.53059일, 1삭망월)이 한 달이 되고, 그것을 12개월 반복하면 1년이 된다.

옛날에는 가장 먼저 초승달을 발견한 날이 다음달의 시작이었다. 하지만 날씨가 좋지 않아 달을 관측할 수 없는 날도 있었다. 그래서 만일 그달 29일이 끝났을 때 날씨가 좋지 않아 새로운 달을 못 본 경우, 다음 날 밤의 달을 새로운 달이라 생각해 새달의 시작으로 삼았다. 이렇게 하자 30일을 넘는 달은 사라지게 됐다. 현재 유대력과 이슬람력은 태음력을 사용하고 있지만, 30일의 '꽉 찬(큰)' 달과 29일의 '텅 빈(작은)' 달을 서로 번갈아가며 1년을 354일로 한다.

'윤달'로 차이를 보완한다

하지만 이렇게 하면 태양력에 비해 1년이 11일이나 적어진다. 이를 그대로 두면 달력과 실제 계절이 크게 어긋난다. 그래서 이를 보완하고자 몇 년에 한 번 '윤달'을 넣는 방법을 고안했다.

고대 바빌로니아에서는 '19년 동안 7번 윤달을 더하는' 방법을 채택했다. 이 방법은 기원전 5세기 그리스의 천문학자 메톤(Meton)이 고안했기 때문에 흔히 '메톤 주기(Metonic Cycle)'라 불린다. 이는 현대 유대력에도 널리 사용되고 있다. 이렇게 윤달을 설정해 조절한 태음력을 '태음태양력

(Lunisolar Calendar)'이라고도 부른다. 태음태양력은 달이 차고 기우는 것을 관측하면서 동시에 태양의 움직임도 관측한다는 점에서 순수한 태음력과 다르다.

율리우스력과 그레고리력

태양력은 지구가 태양 주위를 도는 '공전 주기'에 따라 1년 365일로 정해졌다. 한 달의 길이는 달이 차고 기우는 것과 관계없이 정해졌다. 초기 태양력에서는 태양이 하늘의 특정 지점에 달할 때를 1년의 시작으로 삼았다. 다만 이때 문제가 된건 지구의 공전이 365일에 딱 맞지 않고 조금씩 오차가 생긴다는 점이다. 또 현재의 공전 주기는 약 365.24219일이다. 즉, 이대로 긴 시간이 지나면 달력과 계절 사이에 차이가 발생하게 된다.

고대 로마에서는 태음태양력이 사용됐지만, 율리우스 카이사르(Julius Caesar)에 의해 개편이 이뤄졌다. 바로 이것이 현재 '율리우스력(Julian Calendar)'으로 알려진 달력이다. 율리우스력 최초의 해는 기원전 45년이다. 당초 카이사르는 윤일을 4년마다 넣도록 명했는데, 이것이 어떤 이유에선지 3년마다 넣는 것으로 와전돼 운영되다가 나중에 개정됐다. 덧붙여 현재 2월만 28일로 두는 건 율리우스력 이전 로마력의 흔적인데, 당시는 한 달이 29일, 혹은 31일로 홀수 날이었다. 이는 짝수가 '불길한 수'라는 인식으로 기피됐기 때문이다.

처음에는 1년이 10개월밖에 없었지만, 이후 야누아리우스(Januarius, 1월)와 페브루아리우스(Februarius, 2월)가 더해졌다. 원래 2월은 1년의 마지막 달이었고, 날짜 수 조정을 통해 2월만 28일로 설정됐다.

이렇게 율리우스력으로 4년에 한 번 윤일을 더해도 11분 정도의 오차가 생겼다. 얼마 안되는 차이 같지만, 이를 그대로 두면 시간이 지날수록 달력과 계절이 어긋나게 된다. 이에 현재 사용되는 '그레고리력(Gregorian Calendar)'이 등장해, 1900년처럼 아래 두 자릿수에 00이 붙은 해는 윤년을 두지 않기로 결정했다. 다만 2000년처럼 400으로 나눌 수 있는 해는 윤년으로 삼았다.

해시계의 발명

우리 인류는 어떻게 시간을 알게 됐을까? 최초로 시간의 움직임을 느낀 건 '천체의 움직임'을 통해서다. 우선 '태양의 움직임'이다. 일출부터 일몰까지 태양은 하늘에서 움직인다. 사람들은 태양의 위치에 따라 시간을 알려 했다. 물론 실제로는 태양이 움직이는 게 아니라 지구가 자전하기 때문에, 외견상 태양이 움직이는 것처럼 보일 뿐이지만.

하지만 태양을 직접 눈으로 보는 건 상당히 위험하다. 그래서 태양의 움직임을 아는 방법으로 '해로 인해 생기는 그림자의 움직임을 측정하는 방식'을 고안했다. 그리고 이를 더 단순화해서 막대기를 지면에 세운 채 그 그림자의 움직임으로 시간을 파악했다. 이른바 '해시계'의 발명이다. 이를 통해서라면 시간 흐름을 대충 알 수 있다. 옛날 사람들은 대략의 시간만 알아도 생활하는 데 큰 지장이 없었다.

물론 해시계로는 정확한 '분 단위' 시간 등을 잴 수 없다는 한계가 있었다. 그래서 사람들은 더 정확한 시계를 얻고자 해시계의 대안을 모색했다.

'물시계'의 발명

여기서 사람들이 주목한 게 '물의 흐름'이었다. 수도꼭지를 확실히 잠그지 않으면 똑똑 일정한 시간 간격으로 물방울이 떨어지는데, 바로 이 원리를 이용했다. 어떤 용기에 물을 넣고 바닥에 작은 구멍을 열어두면 물이 일정한 간격으로 흐른다. 그것을 다른 용기에서 받고 거기에 눈금을 붙여두면, 물이 고이는 정도로 시간을 측정할 수 있는 구조다. 이른바 '물시계'다. 해시계처럼 몇 시간 단위의 긴 시간을 재는 데는 적합하지 않지만, 분 단위의 짧은 시간을 아는 데는 물시계를 사용할 수 있다.

다만 물시계에도 결점이 있었다. 용기에 물이 많이 들어올 때는 물이 빠르게 흘러 떨어지지만, 적어지면 물이 떨어지는 속도와 양이 줄어 시간도 느려지는 것이다. 그래서 물의 흐름을 일정하게 만들기 위해선 항시 물을 부어 용기 속 수량을 일정하게 유지해야만 했다.

하지만 그렇게 하기 위해선 언제나 누군가가 물시계 옆에 붙어 있어야 한다. 이 지점에서 생각한 방법이 용기를 몇 개 겹쳐 위부터 순서대로 물이 고이도록 하는 것이다. 이렇게 하면 사람이 계속 옆에서 물을 부어주지 않아도 물의 흐름이 어느 정도 일정해진다.

'모래시계'와 '선향시계'

물시계보다 짧은 시간을 정확히 재는 시계로 '모래시계'도 고안됐다. 여러분도 잘 아는 표주박 형태의 그 모래시계 말이다. 긴 시간을 재는 데는 적합하지 않지만, 짧은 시간이라면 비교적 정확히 잴 수 있다.

또 일본에서는 에도(江戸) 시대 때 선향이 타는 시간이 일정한 점을 이용한 '선향시계'도 사용했다. '일본식 서당'으로 알려진 데라코야에서의 수업 시간이나 게이샤(기녀)의 업무 시간을 재는 데 이 시계가 사용됐다.

진자의 왕복 횟수로 시간을 재다

태양이나 물, 모래 등의 자연 원리를 이용한 시계를 넘어, 이 윽고 사람이 기계적으로 만들어낸 기계식 시계가 등장했다. 천재 물리학자로 알려진 갈릴레오 갈릴레이는 교회의 샹들리 에가 흔들리는 모습을 보고, 샹들리에가 크게 흔들리든 작게 흔들리든 한 번 왕복하는 데 같은 시간이 걸린다는 점을 발견 했다. 이는 진자의 왕복 횟수로 정확한 시간을 잴 수 있다는 걸 의미했다.

물론 진자의 흔들림은 가만히 두면 언젠가는 멈추기 때문 에 그대로는 시계로 사용할 수 없다. 바로 이 지점에서 태엽 과 진자를 조합한 '태엽시계'가 발명됐다. 태엽을 강하게 감 으면 일정한 시간 동안 풀리는 원리를 활용한 시계였다. 이 태엽의 힘으로 진자를 움직이게 했다. 연배가 있는 분들이라 면 집에 있던 태엽시계의 태엽을 감아본 적이 있을 것이다. 이처럼 시계는 자연의 힘을 이용한 시계부터 인공의 기계식 시계로 점차 진화해왔다.

쿼츠시계의
구조

알고 싶을 때 시간을 알 수 있다!

옛날에는 일부 특권 계층밖에 갖지 못했던 시계가 이윽고 한 집에 한 대씩 있는 시대가 됐다. 곧이어 손목시계가 발명되면서 마침내 '1인 1시계의 시대'를 맞이했다.

최초의 기계 시계는 '진자의 진동'으로 시간을 측정했는데, 그 안에는 진자 대신 '템프'라는, 손목시계 등의 유사(遊糸, 시계 부속품 중 하나. 탄력 있는 납작하고 가느다란 쇠줄을 나선형으로 감은 것이다. 이 부속을 태엽의 풀리는 힘이 최종적으로 전달되는 부분에 끼워 그 탄력과 태엽의 힘 조절로 시계의 초침을 움직인다.—옮긴이) 속도를 조절하는 톱니바퀴인 작은 금속편이 사용됐다. 템프 진동에 따라 시간을 재면서 시계는 순식간에 소형화의 단계로 접어들었다. 그리고 마침내 회중시계와 손목시계 같은 소형 시계도 등장했다. '누구든 어디서나 알고 싶을 때' 시간을 알 수 있게 된 것이다. 이는 시계 역사에서도 대단한 '사건'이었다.

무엇보다 누구나 시계를 가질 수 있게 되면서, 그만큼 시간에 더 엄격해졌다고 할 수 있다. 아무래도 모두가 시계를 갖고 있지는 않았을 때가 시간 감각이 더 느슨했던 건 부인할 수 없는 사실이다.

'오토매틱시계'의 발명

초기의 손목시계는 수동으로 태엽을 감아 움직이게 하는 방식이었다. 이윽고 일일이 태엽을 감지 않아도 팔의 움직임에 따라 태엽이 자동으로 감기는 '오토매틱시계'가 발명됐는데, 이 역시 획기적인 사건이었다.

일상적인 활동만 하면 항상 태엽이 감겨진 상태가 돼 따로 신경 쓸 필요가 없었다. 오늘날에도 전지 교환이 필요 없는 오토매틱시계는 탄탄한 인기를 누리고 있다. 지금은 어떤

지 모르겠지만, 얼마 전까지만 해도 동남아시아에서는 쿼츠시계보다 오토매틱시계가 기념품으로 더 환영 받는다는 이야기가 있었다.

하지만 초창기 오토매틱시계는 10여 초의 오차가 하루 단위로 발생했다. 그로 인해 며칠에 한 번씩 TV 방송을 보고 시각을 맞출 필요가 있었다.

여기서 더 정확한 시계가 개발되었지만, 기본적으로 태엽 감기 여하에 따라 진동이 달라지는 한 정확성에는 여전히 한계가 있었다. 바로 여기서 주목받은 게 '수정 진동'이다. '수정에 전기를 흘리면 규칙적으로 진동한다'는 사실을 알게 된 것이 계기였다.

'쿼츠시계'에서 '전파시계'로

이 수정을 사용한 시계가 바로 '쿼츠(Quartz)시계'다. '쿼츠'란 '수정'을 말하고, 수정을 사용한 시계여서 쿼츠시계라 불린 것이다. 물론 전지식이기 때문에 태엽을 감을 필요도 없고, 1개월에 15~20초 정도의 오차밖에 생기지 않아 따로 시간 맞추기에 신경 쓸 필요도 없었다. 현재는 정밀도가 더 높아져 거의 1년에 1초 이내의 오차로까지 발전했다.

쿼츠시계의 핵은 '수정 진동자'다. 이는 얇은 수정판으로, 전기를 흘리면 '압전 효과(piezo-elctric effect, 기계적 에너지를 전기적 에너지로 변환하는 현상—옮긴이)'로 인해 정확한 주파수로 진동하는 성질을 갖는다. 아날로그식 쿼츠시계에서는 이 진동을 이용해 시곗바늘을 움직이고, 디지털식에서는 진동을 전기적으로 처리해 시각을 표시하는 구조다.

오차가 적은 쿼츠시계를 만들기 위해서는 이 수정 진동자를 '초고정밀도'로 커팅하는 기술이 필요하다. 이 커팅 기술을 고도화하기 위해 각 제조사들이 치열하게 경쟁했다. 수정 진동자를 두 개 사용해 정밀도를 높이는 방법이 사용된 적도 있다. 다만 수정은 온도에 따라 진동수가 달라지는 결점이 있어 온도 변화에 맞춰 시간을 보정하는 기술도 필요하다.

또 쿼츠시계에 자동으로 시간을 보정하는 구조를 갖춘 것이 '전파시계'다. 이는 표준시를 알려주는 전파를 잡아 시각을 맞추는 구조다.

요즘에는 스마트폰을 시계 대신 사용하는 이들이 늘고 있는데, 스마트폰에 내장된 시계는 휴대전화 회선을 사용해 시간을 보정하는 'NITZ(Network Identity and Time Zone)' 규격에 맞춰 정확한 시간을 표시할 수 있다.

아날로그시계와
디지털시계

디지털시계의 등장

시계에는 아날로그시계와 디지털시계가 있다. 아날로그시계는 긴 바늘과 짧은 바늘로 시계판의 시각을 가리키는 시계를 말한다. 예전에 많이 볼 수 있던 괘종시계가 아날로그시계의 대표적인 예다. 이에 반해 디지털시계는 숫자만으로 시간을 표시한다. TV 화면상의 시간 표시에 디지털시계가 사용되고 있다.

　우리는 일상에서 어느 쪽 시계든 구분 없이 섞어 쓴다. 하지만 잘 생각해보면 디지털시계가 출현한 건 불과 얼마 전의 일이다. 우리는 옛날부터 아날로그시계에 더 익숙해 있었다.

제품으로서의 디지털시계는 1972년 미국에서 발매되었다. 디지털시계의 등장은 어떤 면에서 큰 충격이었는데, 상당히 눈길을 끌었고 기능적으로도 매우 뛰어났다. 게다가 아날로그시계에 비해 가볍고 잘 안 깨지는 장점도 있었다. 처음에는 꽤 비싼 가격이라 '그림의 떡' 같았지만, 기술 혁신과 제조 공정의 발달로 저가 제품들이 쏟아져 나오며 폭넓게 대중화될 수 있었다.

어느 쪽이든 장점과 단점이 있다

아날로그시계나 디지털시계 모두 장단점이 있다. 아날로그시계는 특정 시각까지 앞으로 얼마나 남았는지를 말할 때 시각적으로 바로 파악하기 쉽다는 장점이 있다. 대신 시계판에서 현재 시각을 파악하는 데 잠시지만 시간이 걸리긴 한다.

이에 반해 디지털시계는 순식간에 현 시각이 몇 시 몇 분인지 알 수 있다. 하지만 아날로그시계처럼 특정 시각까지 몇 분이나 남았는지를 아는 데는 적합하지 않다. 어려운 계산은 아니지만, 머릿속으로 분명 남은 시간을 계산해야 하기 때문이다.

시곗바늘은 왜 오른쪽으로 돌까?

그런데 아날로그시계는 왜 하나같이 시곗바늘이 '오른쪽으로 돌아가도록' 설정돼 있을까? 간혹 장난삼아 '왼쪽으로 돌아가는' 시계도 있지만 실용성 면에서 전혀 어울리지 않는다. 그만큼 우리는 시곗바늘이 오른쪽으로 돌아가는 시계에 익숙해져 있다.

하지만 시곗바늘이 오른쪽으로 돌아가는 이유를 생각해보면 꽤나 불가사의하다. 세상에는 왼쪽으로 돌아가는 경우가 분명 많기 때문이다. 야구에서는 주자가 왼쪽으로 베이스를 돈다. 즉, 반시계 방향이다. 관객 입장에서도 그것이 더 자연스럽다. 실제로 달려보면 알겠지만, 어째서인지 대부분의 사람은 시계 방향으로 달리기 어렵다. 사람은 대개 왼쪽으로 도는 게, 그러니까 반시계 방향으로 도는 게 더 자연스럽긴 하다.

그럼에도 불구하고 왜 시곗바늘이 오른쪽으로 돌게 됐을까? 통설로 알려진 건 '먼 옛날 사용된 해시계가 오른쪽으로 돌았기 때문'이라고 한다. 해시계는 인류가 발명한 시계 중에서도 가장 오랜 역사를 갖고 있다. 옛날 사람들은 시간 경과를 파악할 때 태양의 움직임을 이용했다.

하지만 태양을 직접 눈으로 볼 수 없다. 그래서 태양이 만들어내는 그림자의 변화를 시계에 담으려 했다. 구조는 단순하다. 막대기 하나를 지면에 세우고, 그 막대기의 그림자 움직임에 따라 눈금을 지면에 적는다. 그때 북반구에서는 태양의 그림자 움직임이 '오른쪽으로 돌게' 된다.

해시계를 가장 이른 시기부터 사용한 건 북반구에 위치한 이집트로, 대략 기원전 4000년부터 기원전 3000년쯤으로 알려져 있다. 이렇게 발명된 해시계는 곧 세계 각지로 전해졌고, 훗날 기계식 시계가 발명될 때에도 오른쪽으로 도는 방식이 채택됐다.

하지만 남반구에서는 해시계의 그림자가 '왼쪽으로 돌게' 돼 있다. 그래서 만일 해시계가 남반구에서 발명, 확산됐다면 아마도 시곗바늘이 왼쪽으로 도는 방식을 채택했을지도 모른다.

'윤초'란 무엇일까?

지구가 태양 주위를 일주하는 시간

4년에 한 번 있는 '윤년(leap year)'은 들어봤겠지만 혹시 '윤초(leap second)'라는 말을 들어본 적이 있는가? 이 '윤초'란 대체 무엇일까?

우선 '윤년'에 대해 살펴보자. 윤년은 달력상으로 1년 365일과 실제 지구가 태양 주위를 일주하는 시간이 조금 어긋나 있기 때문에 설정됐다. 1년이란 '지구가 태양 주위를 일주하는 시간'을 말한다. 이 시간이 딱 1년 365일이면 아무 문제가 없겠지만, 실제 지구가 태양 주위를 일주하는 데 약

365.24219일이 걸린다. 대략적으로 말하자면 365일보다 4분의 1일 정도 주기가 긴 것이다. 얼마 안되는 오차이지만, 이대로 그냥 두면 4년 정도 지났을 때 대략 하루 정도 1년의 길이가 길어진다.

이 오차를 수정하기 위해 4년에 한 번, 1년 366일의 '윤년'을 설정하는 것이다. 윤년에는 2월이 29일이 된다. 만일 윤년을 설정하지 않으면 오랜 세월이 지나는 동안 계절감이 다소 어긋날 우려가 있다.

'윤년'의 규칙

그렇다면 윤년을 언제로 할지는 어떻게 정해졌을까? 현재 많은 나라에서 채택한 그레고리력에서는 '윤년은 4로 나눌 수 있는 해로 한다'고 정했다.

또 그레고리력에서는 예외로 100으로 나눌 수 있고 400으로 나눌 수 없는 해는 윤년이 아니라 평년으로 둔다고도 정했다. 예를 들어 서력 2100년, 2200년, 2300년은 100으로 나눌 수 있어도 400으로는 나눌 수 없기에 윤년이 되지 않는다. 하지만 2400년은 100으로 나뉘고 400으로도 나뉘기 때문에 윤년이 된다.

지구 자전 속도와 원자시계의 시간 괴리

'윤초'는 '윤년'에 비해 아직 역사가 짧은 제도다. 처음 '윤초'가 채택된 건 1972년으로, 확실히 그 전에는 '윤초'란 말이 없었다. 이건 1초 단위가 세슘에 의한 원자시계로 더 정확히 측정되면서 가능해졌다. 원래 지구의 자전 속도는 일정하지 않다. 앞서도 설명했듯, 원래 1초의 길이는 지구의 자전 속도에서 산출됐지만 그 지구의 자전 속도가 불안정했던 것이다.

이렇게 되면 지구의 자전 속도에서 산출된 시간과 원자시계에 의한 정확한 시간 사이에 오차가 발생한다. 바로 이 같은 오차를 해소하기 위해 지구 자전 속도에서 산출된 시간과 원자시계에 의한 시간 차를 플러스 마이너스(±) 0.9초로 수렴키로 했다. 불과 1초 차이지만, 그대로 두면 오랜 기간에 걸쳐 시계와 실제 계절 사이에 오차가 발생하기 때문이다.

'윤초' 실시에는 상당한 수고가 필요하다

윤초는 그리니치 표준시(Greenwich Mean Time, 만국 표준시)의 12월, 혹은 6월의 말일 마지막 초로 조정된다. 59분 59초 다음에 '59분 60초'를 삽입하는 것이다. 또한 '윤초'는 지구의 자전 속도에서 산출되는 시간과 원자시계의 '플러스 마이너스 0.9

초'를 조정하는 것이기에 '1초를 플러스하는 경우'와 '1초를 마이너스하는 경우'를 생각할 수 있다.

하지만 지금까지 '1초를 마이너스한' 경우는 없었다. 이는 지구의 자전 속도가 느려지긴 해도 빨라진 적은 없었다는 걸 보여준다. '윤초'를 실시하기 위해서는 상당한 수고가 필요하다. 예를 들어 방송국처럼 정확한 시간을 고지해야 하는 시설에선 특별한 수정 프로그램을 사용해 '윤초'를 실시하고 있다.

4장

시간은 왜
되돌릴 수 없을까?

왜 과거로 돌아가 다시 할 수 없을까?

과거로 돌아가 아버지를 죽게 한다면…

'만일 그때 그렇게 했더라면…' 누구나 한 번쯤 과거로 돌아가 어떤 행동을 다시 해볼 수 없을까 생각한 적이 있을 것이다. 물론 이는 이룰 수 없는 꿈에 불과하며 이를 실현한 사람은 아직 없다. 역시 이 같은 꿈은 공상과학 소설에서나 가능한 일일까? 그렇다면 왜 과거로 돌아갈 수 없을까? 이를 과학적으로 살펴볼 때 앞서도 소개한 사고방식 '시간의 화살'이 있다. '시간은 화살처럼 한 방향을 향해서만 날아갈 뿐, 뒤로 되돌릴 수 없는 것'이라고 했다. 그리고 시간과 엔트로피의 관계에 대해서도 이야기했다. 다만 여기선 조금 다른 방향에서 과거로 돌아갈 수 없는 이유를 생각해보자.

공상과학 장르를 좋아하는 분들이라면 '타임 패러독스 (Time Paradox)'라는 말을 들어본 적이 있을 것이다. 이는 '시간 역설(시간 여행의 모순)'을 말한다. 만일 과거로 돌아갈 수 있다면 여러 모순이 생긴다는 것이다.

자주 소개되는 예가 '과거로 돌아가 어린 시절의 아버지를 죽게 한다면 어떻게 될까?' 하는 점이다. 아버지가 죽으면 당연히 내가 태어날 수 없다. 그렇다면 아버지를 죽게 한 나 자신은 존재하지 않는다. 그리고 내가 없으면 아버지도 죽게 할 수 없다. 결국 내가 태어나게 되고 과거는 바꿀 수 없는 것이다.

시간 여행의 룰

공상과학 소설가 레이 브래드버리(Ray Bradbury)의 단편《천둥소리A Sound of Thunder》는 '먼 옛날의 지구로 돌아가 나비 한 마리를 밟아 죽이자 미래가 바뀌었다'는 내용을 담고 있다. 단 한 마리의 나비를 죽인 것만으로도 미래가 바뀌어버린다는 게 충격적이지만, 이런 사소한 변화가 점점 커다란 변화를 초래하는 현상을 '나비 효과(butterfly effect)라 부른다. 원래는 브라질 나비의 날갯짓이 미국 텍사스에 대형 토네이도를 불러일으킨다는 예시로 사용됐다.

만일 과거를 바꿔버리면 현재에도 다양한 영향이 나타난다. 조금 과장되게 말하자면 역사가 바뀌어버리는 것이다. 바로 이 지점에서 공상과학 소설의 세계에서는 시간 여행을 통해 괴기로 돌아간다 해도 결코 과거 사람들에게 간섭하지 않는다는 식의 룰이 설정돼 있다. 그렇게 하지 않으면 로버트 저메키스(Robert Zemeckis) 감독의 영화 〈백 투 더 퓨처 Back to the Future〉처럼 주인공이 엄청난 부담을 짊어진 채 생고생을 하게 된다.

극 중 과거로 돌아간 주인공을 자신의 엄마가 좋아하는데, 만일 그대로라면 자신의 부모님은 서로 맺어질 수 없다. 즉, 자신이 태어날 수 없는 위기를 맞은 것이다. 이후 여러 고난을 거치며 자신의 부모님을 이어주려는 장면이 긴장감을 불러일으킨다.

바뀐 역사야말로 현재의 역사?

원래 '시간 여행을 하더라도 역사는 바뀌지 않는다'는 이론도 있다. 만일 과거로 돌아가 역사를 바꿨다 해도 그 바뀐 역사야

말로 현재의 역사라는 것이다. 즉, 역사란 시간 여행이 바꿔버린 역사까지 모두 다 조합된 역사를 말한다. 조금 억지처럼 보일 수 있지만, 그 논리라면 시간의 역설 문제는 자연히 해결된다. 최근 자주 볼 수 있는, 주인공이 과거로 타임 슬립해 여러 상황이 벌어지는 식의 드라마도 결국 이 같은 생각에 기초해 만들어진 것 같다.

거울 속 당신은 과거의 모습

사실 타임머신과 아인슈타인의 상대성 이론은 상당히 밀접한 관계가 있다. 상대성 이론이라 하면 어렵고 일반인들에게는 그저 멀게만 느껴지지만, 타임머신처럼 꿈같은 이야기도 상대성 이론을 빼고선 결코 설명할 수 없다.

상대성 이론의 키를 쥔 건 바로 '빛'이다. 보통 우리가 보고 있는 사물이란 '빛이 사물에 부딪혀 반사돼 돌아오는 빛을 눈으로 확인하는 것'이다. 빛은 매우 빠르게 날아가지만, 1초에 약 30만㎞밖에 날아가지 못한다. 물론 초속 30만㎞

자체도 엄청난 속도로, 1초에 지구를 7바퀴 반이나 돌 정도의 속도로 움직이는 것이다.

그렇다곤 해도 이는 무한이 아닌 '유한의 속도'다. 당신이 30㎝ 떨어진 거울을 봐도 당신 눈에 비친 거울 속 당신 모습은 바로 얼마 전 과거의 모습일 뿐이다. 물론 별 문제가 안될 만큼의 과거이긴 하지만.

빛보다 빠른 로켓이 타임머신이 된다

아직 타임머신이 실현되지 않았지만, 만일 실현된다면 그건 상대성 이론에 기반한 장치로 완성될 것이다. 또 타임머신이 불가능하다 해도, 불가능한 이유 역시 상대성 이론에서 도출될 것이다.

상대성 이론이 가르쳐주는 타임머신 제작법을 하나 소개해본다. 빛보다도 빠른 로켓을 이용한 타임머신이다. 여기에 빛보다 빠르게 날아갈 수 있는 로켓이 있고 그 초광속 로켓을 타고 지구에서 날아갔다 치자. 밤하늘에 빛나는 항성(늘 같은 자리에 있는 것처럼 보이는 별)은 빛의 속도라도 몇 년이나 걸리는 먼 곳에 있다. 하지만 지구를 예로 들면, 오전 6시에 날아간 초광속 로켓은 곧 몇 광년을 날아가 인접한 항성에 도착한다.

상대성 이론에 따르면 시각과 속도는 '관측자'별로 다르다. 운동하는 관측자가 재는 시각과 속도는 지구상에 정지해 있는 관측자의 측정치와 일치하지 않는다. '운동한다고 시각이나 속도가 일치하지 않는다고? 열차나 비행기에 탄다고 시계가 어긋나진 않잖아?'라고 생각할지 모르나, 이건 사실이다. 다만 이 차이는 빛에 가까운 속도로 운동할 때나 항성처럼 장거리여야 겨우 알 수 있는, 불과 얼마 안되는 어긋남이다. 따라서 열차나 비행기에 탄 정도로는 알아차리지 못한다.

상세한 설명은 여기서 생략하지만, 관측자의 운동을 잘 조정하면 그 관측자의 시계로 쟀을 때 오전 6시에 지구를 출발한 초광속 로켓이 인접 항성에 오전 5시에 도착한다. 초광속 로켓이 타임머신으로 사용되기 위해선 지구로 돌아오는 길에도 조정이 필요하지만, 그것만 잘 하면 돌아오는 시각을 지구의 오전 5시(혹은 더 빠른 시각)로 할 수 있다.

초광속 로켓은 관측자에 따라서는 과거나 미래로 날아가기 때문에 타임머신으로 사용할 수 있는 것이다. 만일 빛보다 빠르게 운동할 수 있다면 타임머신을 만들 수 있다. 바로 이것이 상대성 이론에서 도출된 결론이다.

광속을 넘을 순 없다

지금까지 살펴본 이야기는 어디까지나 사고 실험이다. 과연 이런 일이 실제로 가능할까?

'안타깝게도' 상대성 이론에 따르면 빛보다 빠르게 날아가는 건 불가능하다. 그러므로 단순히 엄청나게 빠른 로켓을 만들어도 그걸 타임머신으로 삼을 순 없다. 빛보다 빠른 로켓이 타임머신이 된다는 건, 오히려 빛보다 빠른 로켓이 존재하지 않는다는 걸 의미한다. 빛은 이 우주에서 가장 빠른 속도이며, 그 어떤 것도 빛의 속도를 뛰어넘을 순 없다. 얼마 전 소립자 중 하나인 뉴트리노(neutrino, 중성미자)가 광속을 넘었다는 뉴스가 나왔지만, 검증 결과 그 실험 결과는 사실이 아닌 것으로 판명됐다.

그렇다면 사물이 광속에 가까운 속도로 날아간다면 어떻게 될까? 상대성 이론에서는 이렇게 설명하고 있다. 우선 사물은 광속에 가까워짐에 따라 짧아진다. 사물은 광속에 가까워질수록 진행 방향을 향해 수축되며, 그로 인해 아무리 빠르게 날아가도 빛을 따라잡기란 불가능하다. 이어 사물은 광속에 가까워질수록 무거워진다. 광속에 가까워지면 거의 무한대의 무게가 된다. 그래서 광속을 넘어설 수 없다. 이는 아인슈타인이 그냥 되는 대로 주장한 것이 아니라 실제 가속기라는 실험 장치를 통해 확인한 사실이다.

장소에 따라 시간 길이가 다르다?

광속으로 움직이면 어떻게 될까?

우리는 언제 어디서나 시간이 일정한 속도로 흐른다고 생각한다. A가 가진 시계든 B가 가진 시계든 특별히 고장 난 게 아닌 이상 항상 같은 시각을 가리킨다. 하지만 사실 그렇지 않다면 어떨까? 상대성 이론에서는 우리 각자가 가진 시계가 같은 속도로 움직이지 않는 경우가 있다고 말한다. 앞서 광속에 가까운 속도로 움직이면 어떻게 되는지 두 가지 예를 들었다.

첫째, 광속에 가까워지면 사물은 수축된다.

둘째, 광속에 가까워질수록 사물은 무거워진다.

세 번째는 광속에 가까워지면 시간이 어긋난다는 것이다. 네 번째 법칙도 있다. 바로 사물이 광속에 가까워질수록 시간 흐름이 느려진다는 것이다. 다만 이때 시간 흐름이 느려진다는 건 '다른 사람이 봤을 때'라는 단서가 붙는다.

시계를 갖고 빠르게 달리는 경우 그 시계를 제3자가 보면 시간이 천천히 흐르게 된다. 이는 광속에 가까워질수록 뚜렷해진다. 바꿔 말하면 광속에 가까워지지 않으면 그만큼 뚜렷하게 나타나지 않는 효과이기도 하다. 이 법칙 역시 실험을 통해 명확히 확인됐다.

일반 상대성 이론은 중력에 대한 물리학 이론

상대성 이론은 크게 '특수 상대성 이론(special theory of relativity)'과 '일반 상대성 이론(theory of general relativity)'으로 나뉜다. 전자의 경우 '운동하는 관측자에 대한 이론'으로, 로켓이 광속에 가까워지면 무슨 일이 벌어지는지를 예측한다. 반면 후자는 '중력에 대한 이론'이다. 일반 상대성 이론은 시간이나 공간은 흐물흐물하게 늘거나 줄어드는, 혹은 주름지는 것이라고 한다. 바로 그 주름에 미치는 영향이 중력인 것이다.

우리가 사는 이 공간이나 시간이 늘었다 줄었다 한다는 건 왠지 생각만으로도 현기증이 날 것 같다. 아인슈타인은 1905년 특수 상대성 이론을 발표한 뒤, 10년에 걸쳐 이를 확장하고 중력에 대해서도 설명할 수 있는 일반 상대성 이론(1915년)을 완성했다.

중력이 작용하면 시계가 느려진다

공간이나 시간을 늘리거나 줄이는 상대성 이론의 효과는 중력이 강한 장소에서 한층 더 명확히 나타난다. 예를 들어 블랙홀에 인접한 곳에서 그 효과를 볼 수 있다.

'블랙홀(black hole)'이란 '중력이 너무 강해 빛조차 빠져나갈 수 없어 검게 보이는 천체'를 말한다. 무엇이든 블랙홀에 너무 가까워지면 빠져나갈 수 없다. 블랙홀에 가까워지면 되돌아올 수 없는 거리를 '슈바르츠실트의 반지름(Schwarzschild's radius)'이라 부르는데, 이 슈바르츠실트의 반지름 가까이에선 강한 중력 때문에 상대성 이론 효과가 강하게 나타난다. 그건 중력이 작용하면 '시계가 느려지는' 효과와, 중력이 강한 곳에서 '공간이 늘어나는' 효과를 말한다.

지금 우주 비행사가 블랙홀에 낙하하면서 슈바르츠실트의 반지름에 도달하고자 한다. 이를 멀리서 보고 있으면 우주 비행사의 낙하 속도는 점점 느려져, 마침내는 슈바르츠실트의 반지름 앞에서 멈춰버린다. 시간이 천천히 흐르는 효과와 공간이 늘어나는 효과의 결과, 낙하는 점점 느려지다가 결국 멈춰버리는 것이다. 멀리서 이 낙하를 보고 있는 사람은 계속 그 광경을 지켜보고 있어도 우주 비행사가 슈바르츠실트의 반지름에 도달하는 모습을 볼 수 없다. 하지만 우주 비행사가 보기엔 자신은 멈추지 않고 점점 블랙홀에 빨려드는 모습이다.

왠지 모순처럼 들리지 않는가? 이것도 관측자의 운동에 따라 시간이나 공간 등이 다르게 보이는 결과다. 비록 블랙홀에 가까워진 사람이 아직 없기 때문에 실험적으로 완전히 증명되진 않았더라도.

시간은 늘거나 줄어든다?

뉴턴 역학의 세계

아인슈타인이 상대성 이론을 발표하면서 그때까지의 시간 개념은 완전히 바뀌었다. 아인슈타인이 등장하기까지 물리학 세계를 지배했던 건 '뉴턴 역학(Newtonian mechanics)'이다. '사과가 떨어진 모습을 보고 인력을 발견했다'는 바로 그 역학 말이다.

뉴턴 역학에서는 '시간과 공간 모두 절대적인 것으로 변하지 않는다'고 생각했다. 말하자면 뉴턴 역학은 '신의 유일한 시점'에서 바라본 절대적인 시간과 공간을 다루는 역학을 말한다. 이 이론에서 시간은 계속 변함없이 흘러가고 공간도 절대 변화하지 않는다. 그런 의미에서 이런 호칭이 일반적이진 않지만, 뉴턴 역학을 '절대성 이론'이라 불러도 좋을 듯하다.

상대성 이론의 세계

이와 대비되는 것이 바로 '아인슈타인의 상대성 이론'이다. 상대성 이론의 특징은 뉴턴의 절대적 시간, 절대적 공간과 달리 시간이나 공간을 상대적인 것으로 본다는 점이다. 이게 무슨 의미냐 하면, 뉴턴 역학의 경우 유일한 시점에서 본 시간이나 공간을 다루는 데 반해, 아인슈타인은 복수의 시점에서 본 시간과 공간을 다룬다는 것이다.

앞서도 설명했듯, 예를 들어 인공위성에 탄 사람이 본 시계와 지상에 있는 사람이 본 시계는 시간이 흘러가는 정도가 다르다. 더 구체적으로 말하자면, 빠르게 운동하는 사람의 시계는 그냥 가만히 있는 사람의 시계보다 느리게 간다는 말이다.

빛의 속도는 변하지 않는다

이렇게 시간이란 절대적이지 않고 보는 사람의 시점에 따라 늘어나거나, 혹은 줄어드는 것이다. 다만 상대성 이론에서도 절대적인 게 하나 있는데, 바로 '빛의 속도'다. 예를 들어 지금 차를 타고 시속 50㎞로 달리고 있다 치자. 이를 멈춰선 사람이 보면 시속 50㎞가 맞지만, 같은 방향으로 시속 30㎞로 달리는 차 속에서 보면 시속 20㎞로 달리는 것처럼 보인다. 하지만 빛의 경우 멈춰 선 이가 봐도 초속 30만㎞이고 초속 29만㎞로 날아가는 사람이 봐도 초속 30만㎞인 건 다르지 않다. 아인슈타인의 생각의 기반에는 이 빛의 속도만은 누가 봐도 달라지지 않는다는 점이 있다. 대신 시간이나 공간은 '늘거나 줄어도' 괜찮다는 생각이다.

아인슈타인이 이런 생각에 이르게 된 계기는 하나의 사고 실험이었다. 거울에서 자기 얼굴을 보고 있을 때 한 가지 의문이 들었던 것이다. '빛의 속도로 달리면 어떻게 될까?' 거울에서 자기 얼굴을 볼 때는 자기 얼굴에 반사된 빛이 거울에 닿고, 그 거울에 반사된 빛이 눈에 도달하는 구조를 띤다.

그렇다면 자기 얼굴에 반사된 빛이 거울을 향해 가는 것과 동시에 빛의 속도로 달린다면 어떻게 될까? 자신의 손에 쥔 거울이 빛과 같은 속도로 이동하듯이 얼굴로부터 반사된 빛도 빛과 같은 속도로 날아간다면 얼굴에서 나오는 빛은 거울에 안 닿는 게 아닐까? 아니, 거울에는 자기 얼굴이 그대로 비춰진다고 아인슈타인은 생각했던 것이다. 광속으로 달리는 것에서 봐도 빛의 속도는 달라지지 않는다는 결론이었다.

타임머신은
가능할까?

호킹 박사의 재미난 지적

공상과학 소설가인 쥘 베른(Jules Verne)은 '인간이 상상할 수
있는 건 반드시 인간이 실현할 수 있다'고 했지만, 타임머신
은 인간의 상상에도 불구하고 아직 실현되지 못한 것 중 하나
다. H. G. 웰스(Herbert George Wells)의 걸작 《타임머신The Time
Machine》에서는 '주인공이 자동차 같은 탈것에 탄 채 80만 년
후의 미래로 시간 여행을 떠난다'. 많은 이들이 상상하는 타임
머신은 이 소설에 나온 것과 대략 비슷해 보인다. 하지만 안타
깝게도 그런 형태의 타임머신은 아직 실현되지 못했다.

그렇다면 장래에는 실현될 수 있을까? 이에 대해 천재 물리학자 스티븐 호킹(Stephen W. Hawking)이 재미난 지적을 했다. "만일 앞으로 타임머신이 가능하다면, 이미 미래에서 온 방문자가 현대에 와 있을 것이다." 하지만 그런 흔적은 아직 발견되지 않았고, 그래서 타임머신이 장래에도 가능하지 않다는 말이다.

그렇다곤 해도 미래에서 온 방문자가 대놓고 사람들 앞에 모습을 드러낼 리는 없을 것이다. 역사에 영향을 주지 않기 위해 몰래 찾아올 가능성도 부정할 수 없다. 공상과학 소설의 세계에서는 과거를 바꾸지 않도록 시간 여행자들을 감시하는 '시간 순찰(time patrol)'에 대한 아이디어도 있다. 그럼에도 불구하고 수많은 시간 여행자 중에는 시간 순찰에 들키지 않으면서 뭔가 나쁜 일을 꾸미려는 이들이 반드시 나타난다. 그러다 보니 작은 일이라도 역사를 바꿀 수 있는 일이 벌어지지 않을 거라 장담하기는 어렵다. 타임머신을 생각할 때는 시간의 역설 문제가 반드시 결부되는 것이다.

'다세계 해석'이란?

시간의 역설 문제를 해결하는 사고방식이 아예 없었던 건 아니다. 물리학자 휴 에버렛(Hugh Everett)의 '다세계 해석(many-worlds interpretation)이라 불리는 사고 개념이 그것이다.

다세계 해석이란 '양자역학(quantum mechanics)의 사고 가운데 하나'다. 알기 쉽게 말하자면 이 세상에 무수한 세계가 '함께 존재한다'는 사고방식이다. 결코 양자역학에서 주류를 점하는 사고방식은 아니지만, 이런 생각을 가진 과학자도 있다는 점을 알아두기 바란다.

이 사고 개념에 따르면 어떤 세계에선 당신이 엄청난 자산을 가진 대부호가 되고, 다른 어떤 세계에서는 파산해 사회의 맨 밑바닥으로 떨어지기도 한다. 그런 몇 가지의 다른 세계가 병존한다는 주장이다. 시간 역설의 대표적인 사례가 '과거로 돌아가 자신이 태어나기 전 어린 시절의 아버지를 죽게 하는' 경우다. 그러면 자신이 태어나지 않기 때문에 역시 과거로 돌아가 아버지를 죽게 할 수 없게 된다. 아버지가 살아 있어야 자신이 태어날 수 있기에 시간 여행도 가능한 것이다.

하지만 다세계 해석에서는 다른 해석이 가능하다. 시간 여행자가 아버지를 죽게 했다 치자. 그러자 거기서 아버지가 죽고 당신이 태어나지 않은 세계가 돼버린다. 하지만 이 세상에는 그렇지 않은 세계도 존재한다. 아버지가 죽지 않고도 당신이 태어나는 세계 말이다. 즉, 당신이 죽게 한 아버지는 다른 세계의 아버지였던 것이다. 다세계 해석에서 시간 역설은 이렇게 해결된다. 물리학자 중에서도 이 다세계 해석을 지지하는 이들이 제법 있다. 물론 에버렛은 이 같은 시간 역설을 해결하기 위해 다세계 해석을 떠올렸던 건 아니다. 하지만 이런 사고방식이 성립된다면 타임머신이 완성되더라도 역설은 생기지 않을 것이다.

미래로
떠나는
시간 여행

우라시마 타로의 시간

내가 어릴 적 들었던 이야기를 소개해본다.

우라시마 타로는 홀어머니를 모시고 사는 착한 어부였는데, 어느 날 동네 아이들이 괴롭히는 거북을 구해줬다. 이에 거북은 감사의 표시로 타로를 등에 태운 채 바닷속 용궁으로 데려갔다. 용궁에서 타로는 행복한 시간을 보내게 되지만 홀로 두고 온 어머니가 그리워 가슴만 아파했다. 그러던 어느

날 타로는 공주에게 간곡히 부탁해 고향으로 가게 됐는데, 이때 공주는 '절대 열어보면 안 된다'는 주의와 함께 보물 상자 하나를 건네줬다.

타로는 이 상자를 들고 거북 등에 탄 채 기쁜 마음으로 고향에 도착했지만, 3년 만에 찾은 고향은 이미 너무 많이 변해 있었다. 용궁에서의 3년은 바깥 세상에선 곧 30년이 흐른 것과 같았다. 이미 너무 많은 시간이 흘러 어머니도 돌아가셨고, 집 역시 흔적도 없이 사라지고 말았다. 이에 너무 외롭고 마음 아팠던 타로는 바다로 다시 돌아가기로 결심하고 바닷가로 나와 거북을 불렀다. 거북을 부른 사이 마침 상자 속 내용물이 궁금해진 타로는 그 상자를 열어봤다. 그때 갑자기 연기가 나더니 타로는 순식간에 머리가 새하얀 노인으로 변하고 말았다. 공주가 열어보지 말라던 그 상자에는 사람의 '나이'가 들어 있었다.

사실 이 이야기를 듣고 어린 마음에 가장 충격적이었던 건 마지막에 우라시마 타로가 문제의 상자를 여는 장면이었다. 용궁에서 돌아온 고향에는 아는 사람 하나 없었는데, 그건 타로가 미래 세계에서 왔기 때문이다. 절망한 타로가 상자를 연 순간 백발의 노인이 돼버렸다는, 꽤나 잔혹한 결말로 마무리되고 말았다.

불가사의했던 건 이야기의 시간 감각이다. 타로가 용궁에서 3년을 보내는 사이 지상에서는 30년이나 흘렀다는 게 어린 마음에도 너무 불가사의했다. 앞서 이야기한 것처럼 빠르게 움직이는 사물의 시계는 느려진다. 그렇다면 광속에 가까운 스피드로 날아가는 로켓에 탄 채 돌아온다면 어떻게 될까? 이를 일본에서는 우라시마 효과라고 부른다. (이는 일반 상대성 이론과 관련된 일본식 용어로, 공식적 학술용어는 아니다. 서양에서는 이와 비슷한 사례로 '립 반 윙클Rip Van Winkle 효과'가 널리 알려져 있다.—옮긴이)

쌍둥이 형제의 여행

지금 여기에 쌍둥이 형제가 있다. 둘의 나이는 모두 20세로 가정한다. 형은 광속에 가까운 로켓에 탄 채 지구를 출발한다. 그리고 지구 시간으로 30년이 지났을 때 지구로 돌아왔다고 한다.

이때 지구에 남아 있던 동생은 이미 50세가 됐지만, 돌아왔을 때 형은 아직 20세의 젊음 그대로였다. 형 입장에서 보면 이건 미래로 떠난 시간 여행과 동일하다.

그렇다면 미래로 떠난 시간 여행은 과연 가능한 일일까?

쌍둥이의 역설

그런데 의문을 갖는 사람도 있다. 확실히 동생이 보기엔 형이 탄 로켓은 고속으로 날아가기에 형의 시계는 느리게 보인다. 하지만 형이 보면 동생이 있는 지구는 고속으로 멀어져가기 때문에 동생의 시계가 느리게 보인다. 상대적으로 서로의 시계가 느리게 보이는 것이다.

그럼에도 우라시마 효과에서는 형이 지구로 돌아올 때 동생만 나이를 먹는다고 설명한다. 뭔가 좀 이상하지 않은가? 상대적이라면 지구로 돌아왔을 때 동생 입장에서 형이 나이를 먹지 않은 것처럼 형이 봐도 동생은 나이를 먹지 않게 된다. 조금 까다로워 보이지만, 이를 '쌍둥이의 역설(twin paradox)'이라 부른다.

그렇다면 우라시마 효과에 의한 시간 여행은 불가능할까? 아니, 제대로 된 해결책이 있다. 사실 이 쌍둥이의 역설에서 키를 쥔 건 로켓이 갔다가 돌아오는 데 있다. 바로 어딘가에 '반환점'이 있다는 것이다. 간단히 설명하자면, 로켓이 출발할 때 형과 동생은 같은 시점을 갖고 있었다. 그리고 로켓이 출발하면 동생의 시점으로 본 형의 시계는 느려지기 시작하고, 형의 시점으로 본 동생의 시계 역시 느리게 보이기 시작한다.

여기까지는 상대적으로 서로의 시계가 느리게 보이는 것이다. 그대로라면 형이 지구로 돌아오기까지 서로의 시계는 똑같이 느려진 채다. 하지만 반환점에 갔다가 지구로 돌아올 때, 형은 그때까지의 시점을 버리고 '새로운 시점으로' 갈아타버린다. 반면 동생은 계속 지구에서 같은 시점인 채로 있다. 바로 이 지점에서 그때까지의 상대성이 무너져버린 것이다. 그로 인해 동생의 시점만 '절대적'이 되고 형의 시계만 느려지게 됐다.

웜홀을 통해 과거로 돌아갈 수 있을까?

우주에는 '웜홀'이란 구멍이 있다?

내가 어릴 때 해외 TV 드라마 중에 〈타임 터널The Time Tunnel〉이라는 프로그램이 있었다. 타임 터널이란 '터널을 빠져나가 과거와 미래를 여행한다'는, 일종의 시간 여행 같은 스토리였다. 매회 역사적인 대사건의 한가운데 떨어진 주인공들이 고난에 맞서 싸우는 모습에서 박진감 넘치는 스릴을 맛볼 수 있었다.

이는 이야기 속 세계이지만, 과학자 중 일부는 우주에나 있는 어떤 천연 터널을 이용해 시간 여행을 할 수 있다고 말한다. 그들이 주장하는 내용에 따르면, 우주에는 '웜홀 (warmhole)'이라는 구멍이 나 있거나, 혹은 미래 과학기술을 이용해 웜홀을 만들 수 있을지 모른다는 것이다.

웜홀은 나무나 과일 등에 나 있는 '벌레 먹은 구멍' 같은 것 이다. 우주에는 어떤 장소에서 다른 장소로 통하는 '벌레 먹은 구멍' 같은 터널이 존재한다고 한다. 이는 단지 공상의 영역이 아니라 아인슈타인의 일반 상대성 이론에서 도출된 이론상 가능하다. 이 웜홀을 통하면 우주의 어떤 장소에서 다른 장소 로 지름길을 이용하듯 순식간에 이동할 수 있다.

웜홀을 이용한 시간 여행의 사례

여기서 웜홀을 이용한 시간 여행에 대해서도 간략히 설명해 본다.

우선 웜홀의 입구를 A, 출구를 B로 하자. 지금 A와 B 지 점의 시간은 똑같이 6시다. 그리고 입구 A의 위치를 어떤 수 단을 사용해 광속에 가까운 빠르기로 이동시킨다. 그리고 다 시 광속에 가까운 빠르기로 원래 장소로 되돌려놓는다.

앞에서도 설명했지만, 광속에 가까운 빠르기로 이동하면 시간은 매우 느리게 흘러간다. 그로 인해 A와 B 사이에 '시간차'가 발생하게 된다. 즉, B에서는 1시간이 지났는데 A에서는 1분밖에 안 지난 상태가 벌어진다. 이 경우 A 내부는 6시 1분인 데 반해 B 내부는 7시가 된다. 이때 시간 여행자가 입구 A와 함께 이동할 필요는 없다. 출구 B와 함께 머물러도 상관없다. 그러자 시간 여행자의 시계와 주위 시계는 B와 마찬가지로 모두 7시가 된다.

자, 시간 여행자는 생각을 정해 A 구멍으로 뛰어들었다. A 내부는 6시 1분 시점의 출구 B와 연결되어 있다. 웜홀 안은 순간 이동할 수 있기 때문에 출구 B에서 6시 1분에 나온다. 시간 여행자가 주위를 둘러보면 그곳은 6시 1분의 세계다. 즉, 시간 여행자는 59분 전의 과거로 돌아간 것이다.

조금 복잡할지 몰라도 내용은 충분히 이해할 수 있다. 원래 이 방법에서는 A가 이동을 시작한 시점보다 과거로 돌아갈 수 없다는 게 난점이다. 아무리 A를 빠르게 이동시켜도 6시보다 과거로는 갈 수 없다.

타임머신에 도전하는 사람

'우주 끈'을 이용한 시간 여행

지금까지 살펴본 것처럼 타임머신이나 시간 여행의 실현 과정에는 다양한 장애물이 있다. 그럼에도 시간 여행은 연구자들에게 매력적인 테마이고 이를 실현시키기 위해 진지하게 몰두하는 과학자들이 있다.

그중 한 명인 미국 프린스턴대의 존 리처드 고트 3세 (John Richard Gott III)가 고안한 방법을 소개해본다. '우주 끈 (cosmic string)'을 사용해 시간 여행을 하는 방법이다. 여기서 '우주 끈'이란 끈 모양의 물체로, 두께가 원자핵 정도밖에 안

되는데도 질량은 1m당 지구 200개 분이나 된다.

이러한 기묘한 끈이 우주의 시작인 빅뱅으로 생겨나 우주 공간을 떠돌고 있다는 설이 있다. 이를 망원경으로 꾸준히 찾아왔지만 아직 발견되지 않았다. 만일 우주 끈이 존재한다면 이를 두 줄 이용하여 시간 여행이 가능하다.

우선 어떤 기술을 이용해 우주 끈 두 줄을 광속에 가깝게 가속한다. 그리고 이 두 줄의 끈을 맹렬한 스피드로 엇갈리게 한다. 여기까지가 준비 작업이다. 시간 여행자는 여기서 다시 광속에 가까운 우주선을 타고, 두 줄의 우주 끈 주위를 빙 돈다. 코스와 속도를 잘 조정하면 출발과 같은 시각에 돌아올 수 있는데, 이는 과거로의 시간 여행이 된다.

우주 끈은 매우 커다란 질량 때문에 주위 시공간을 왜곡해버린다. 그로 인해 주위를 빙 도는 우주선은 어떤 종류의 '초광속'을 실현하게 된다. 앞서도 설명했듯, 초광속 우주선은 별도의 관측자가 보면 과거로 날아가는 타임머신으로 작동한다. 그렇게 시간 여행이 가능해지는 것이다.

이 우주 끈을 이용한 시간 여행은 상대성 이론에 기초하고 있다. 우주 끈은 일반 상대성 이론 효과에 따라 주위 시공간을 왜곡하고, 거기를 도는 우주선은 특수 상대성 이론 효과에 따라 출발 시점으로 되돌아온다. 타임머신이나 시간 여행을 실현하기 위해서는 상대성 이론이 빠질 수 없다. 상대성 이론은 타임머신이나 시간 여행을 위한 물리학 이론이라고도 할 수 있다. 하지만 호킹 박사는 이 방법에 중대한 문제가 있다고 지적했다.

호킹 박사의 '연대기 보호 가설'

호킹 박사는 '토폴로지(topology, 위상 수학)라 불리는 수학을 상대성 이론에 응용하면 하나의 정리(定理, 이미 진리라 증명된 일반적인 명제)를 얻을 수 있다'고 말했다. '타임머신이 존재할 것 같은, 시간 여행이 가능한 시공간은 통상적인 시공간과 형상이 다르고, 그렇게 형상이 다른 시공간은 통상의 시공간에서는 생기지 않는다'는 정리다.

이를 더 알기 쉽게 말하자면, 타임머신이 존재하지 않는 곳에 인공적으로, 혹은 자연현상에 의해 새롭게 타임머신을 만들 수 없다는 것이다. 엄밀히 말하면 이 정리는 호킹 박사가 도출한 게 아니라 다른 수학자가 증명했다. 하지만 호킹 박사가 시간 여행을 부정하는 논문에서 소개하면서 널리 알려졌다. 이에 따르면 우주 끈을 이용한 시간 여행을 실현하기 위해서는 처음부터 우주 끈이 광속에 가까운 속도로 엇갈린 듯한 환경이 존재해야 한다.

이건 꽤 어려운 일이다. 아울러 호킹 박사는 앞서 소개한 웜홀을 이용한 시간 여행도 양자역학의 관점에서 곤란하다고 봤다.

호킹 박사는 '앞으로 어떤 신기한 아이디어로 타임머신이나 시간 여행을 실현하려 해도 반드시 그것을 방해하는 물리 법칙이 존재하기에 결국엔 실현할 수 없다'고 단언했다.

이 같은 생각은 '연대기 보호 가설(chronology protection conjecture)'로 불리는데, 혹자의 우스갯소리처럼 호킹 박사도 어지간히 타임머신이 싫긴 싫은가 보다.

지금 단계에서는 실현 가능한 타임머신을 아무도 생각해 내지 못했다. 그렇다면 연대기 보호 가설은 맞는 것일까? 그리고 시간 여행은 영영 불가능할까? 물론 연대기 보호 가설도 완전히 증명된 게 아니다. 누군가가 제대로 된 타임머신 아이디어를 제안한다면 연대기 보호 가설에도 오류가 생길 수 있다.

타임머신이나 시간 여행은 사람들의 흥미를 끄는 매력적인 연구 테마다. 앞으로도 새로운 타임머신 아이디어로 연대기 보호 가설에 도전하는 연구자는 끊이지 않을 것이다.

5장
......
시간에
시작과 끝이 있을까?

우주는 138억 살

이번에는 스케일이 더 큰 '시간 여행'에 나서보자. 우리에게 나이가 있듯 우주에도 나이가 있다. 138억 살, 바로 이것이 우주의 나이다. 오래 살아봐야 기껏 100살 전후인 우리 인간들이 보자면 아득히 먼, 우리와는 전혀 무관해 보이는 숫자다.

그렇다면 우주의 나이를 어떻게 알 수 있었을까? 옛날 사람들은 '우주는 영원히 정지해 있다'고 여겼다. 별이나 은하의 위치가 변하지 않는다고 봤던 것이다. 하지만 1929년 미국의 천문학자 에드윈 허블(Edwin Hubble)이 놀라운 사실을 발견하면서 그런 믿음이 뒤집혀버렸다. '멀리 있는 은하가 점점 더 멀어지고 있다'는 내용이었다. 게다가 '멀리 있는 은하일수록 굉장한 속도로 멀어지고 있다'는 사실 또한 알려졌다.

다만 실제 망원경으로 은하가 움직이는 모습이 보일 리 없었다. 만일 그랬다면 이미 누군가가 그 사실을 알아챘을 것이다. 그렇다면 허블은 은하가 멀어지고 있다는 걸 어떻게 발견했을까? 바로 '도플러 효과(Doppler effect)' 때문이다.

멀어지는 광원에서 나오는 빛은 새빨갛게 보인다

'도플러 효과'라는 말을 어딘가에서 들어본 적이 있을 것이다. 소방차의 사이렌 소리가 가까워질수록 높아지고 멀어질수록 낮아지는, 바로 그 효과다. 소리는 음원이 가까워질 때 파장이 짧아지고(높은 음) 멀어질 때 파장이 길어지기(낮은 음) 때문에 이런 현상이 나타난다.

사실 도플러 효과는 소리만이 아니라 빛에서도 나타난다. 빛 역시 가까워질 때는 파장이 짧아지고 멀어질 때는 파장이 길어진다. 이때 파장이 길면 새빨갛게 보이고 짧아지면 새파랗게 보인다. 허블은 멀리 있는 은하에서 나오는 빛이 새빨갛다는 것을 관측하고, 그것이 도플러 효과에 의한 것임을 발견했다. 이를 조금 어려운 말로 하자면 '적방 편이'라 한다.

반대로 멀리 있는 은하에서 나오는 빛이 새파랗게 보이면 그 은하는 이쪽에 가까워지고 있는 것이다. 이를 통해 멀리 있는 은하가 점점 멀어지고 있다는 사실을 알았다.

도플러 효과는 의외의 장소에서도 사용되는데 바로 야구 장이다. 투수가 던지는 빠른 공을 측정하는 데 도플러 효과가 사용되는 것이다. 여러분은 야구 중계를 보면서 어떻게 구속 을 금세 알 수 있는지 궁금했던 적이 없는가? 그건 스피드건 이라 불리는 측정기에서 공을 향해 전자파를 쏴서 반사돼 돌 아오는 전자파의 파장으로 스피드를 계측하기 때문이다.

우주는 팽창하고 있다

멀리 있는 우주가 멀어지고 있다는 건, 물론 지구에서 봤을 때 의 이야기고 실제로는 우리 은하도 멀어지고 있다. 그 예로 자 주 사용되는 것이 풍선이다. 풍선 표면에 많은 은하를 그리고, 그것을 부풀리면 은하와 은하 사이의 거리가 서로 멀어진다. 이런 식으로 우주가 팽창하는 것이다.

우주가 팽창한다면, 반대로 시간을 거슬러 올라갔을 때 옛 날의 우주는 더 작았다고 할 수 있다. 그 끝은 아무것도 없는

'무의 상태'였을 것이다. 우주의 나이를 알기 위해서는 거리를 팽창 속도로 나누면 된다. 물론 이 팽창 속도를 알기란 무척 어려운 일이다. 비교적 멀리 있는 은하일수록 속도가 빨라지고 있으며 그 속도로 일정하게 멀어질 리도 없다.

바로 여기서 필요한 것이 '허블 상수(Hubble constant, 외부은하의 후퇴 속도와 거리 사이의 관계를 나타내는 비례상수.—옮긴이)'다. 허블 상수란 우주의 팽창 비율을 보여준다. 오늘날에는 관측 기술이 향상돼 상당히 정확한 허블 상수가 요구된다. 하지만 실제로는 허블 상수만으로 정확한 우주 나이를 측정할 수 없어, 현재는 '우주 배경 방사(cosmic background radiation)' 관측을 통해 우주 나이가 138억 살이라 추측한다. 여기서 '우주 배경 방사'란 '우주가 탄생했을 때쯤 방사된 빛으로, 지금도 지구에 도달하고 있다. 이를 상세히 측정하면 우주의 나이를 알 수 있다. 사실 최근까지 우주의 나이가 137억 살로 알려졌지만, 관측 정밀도가 향상되면서 더 정확한 나이를 알 수 있었다. 앞으로 정밀도가 더 나아지면 우주 나이가 또 한 번 바뀔지 모른다.

지구는 46억 살

그렇다면 지구의 나이는 몇 살일까? 현재 기준으로 약 46억 살로 알려져 있다. 우주의 나이에 비하면 상당히 젊은 편이지만, 그럼에도 우리 인간들이 보자면 아득히 오래 살고 있는 천체라 할 수 있다. 여기서는 지구가 어떻게 탄생했는지, 그 역사를 조금 더듬어보도록 한다.

아직 태양도 지구도 없던 시대, 우주 공간에는 수소 등의 가스가 떠돌고 있었다. 이러한 가스는 이전에 존재했던 별이 '초신성 폭발(별의 죽음)'이라는 대폭발을 일으켜 산산조각 나고 뿔뿔이 흩어진 가스다. 바로 그 가스가 다시 새로운 별의 근원이 된다. 뭔가 불교의 윤회를 떠올리게 하는데, '하나의 별이 소멸되고 비로소 새로운 별이 탄생하는' 것이다.

가스에는 농도가 진한 곳과 옅은 곳이 있다. 그중 가스 농도가 짙은 부분에서는 원자끼리 인력으로 서로 끌어당기며 점점 짙어지고, 주위 가스마저 가까이 끌어당긴다. 이렇게 눈사람의 눈덩이처럼 가스 덩어리가 커진다. 이때 완성된 가스 덩어리는 회전하면서 원반 형태의 성운을 형성하는데, 이를 '원시태양계 성운(primordial solar nebula)'이라 부른다.

태양의 탄생

중심부의 가스 덩어리가 일정한 질량에 달하면, 그 중심부에서는 수소가 핵융합을 시작한다. '핵융합'이란 '고온 고압에 의해 수소 원자끼리 융합해 헬륨이 되는 것'을 말한다. 이 과정에서 커다란 에너지가 생기는데, 현재의 태양 내부에서도 활발히 수소의 핵융합이 벌어진다. 바로 그 에너지를 받아 우리 인류가 살아갈 수 있는 것이다.

이렇게 지금으로부터 약 50억 년 전에 태양이 탄생했다. 태양 주위의 원반 속에는 작은 가스 덩어리가 모이거나 충돌하면서 행성이나 소행성, 혜성 등의 천체로 성장하기 시작했다. 이때 태양에 비교적 가까운 장소에서는 암석이나 철 성분이 많고, 멀리 떨어진 장소에서는 얼음이 주성분이 된다. 이로 인해 태양에 가까운 장소에서는 수성과 금성, 지구, 화성처럼 암석으로 이루어진 '지구형 행성'이, 멀리 떨어진 장소에서는 목성, 토성처럼 기스를 주성분으로 한 '목성형 행성'이, 더 멀리 떨어진 장소에서는 천왕성, 해왕성처럼 얼음으로 이루어진 '천왕성형 행성'이 완성되었다.

지구와 달의 탄생

원시 지구에는 많은 미행성들이 서로 충돌해왔다. 그 충돌의 에너지가 열이 되고, 지구 표면은 암석이 녹아 마그마 상태가 됐다. 또 미행성의 충돌 에너지는 지구 내부의 기체를 빠져나가게 해 지구의 대기가 됐다. 기체의 주성분은 수증기였지만, 수증기는 온실 효과를 갖고 있기에 지구 표면의 온도가 높아졌다고 생각된다. '온실효과 가스'라 하면 이산화탄소가 유명하지만, 수증기도 이에 뒤지지 않을 만큼 지구 온난화에 영향을 주고 있다. 걸쭉하게 녹은 마그마 안에는 밀도 높은 철 등의 금속이 아래로 가라앉고 밀도 낮은 암석이 떠오른다. 이렇게 철 등으로 완성된 지구의 핵 부분과 암석으로 완성된 맨틀(지각과 핵 사이 부분)이 분리된 것이다.

또한 초기에는 화성 크기 정도의 원시 행성 '테이아(Theia)'가 지구에 충돌했다. 이를 '자이언트 임팩트(giant impact)'라 부르는데, 이 충돌로 벗겨진 지구 표면의 맨틀과 충돌한 원시 행성의 맨틀이 서로 섞여 지금의 달이 됐다고 보는 설이 있다. 그 후에도 지구에 거대 운석이 충돌했지만, 어느새 그마저도 수습돼 지구가 점차 식어가며 표면이 고체의 암석으로 뒤덮였다. 그리고 기체가 된 수증기도 지구 표면에 내려앉아, 40억 년 정도 이전에 현재와 같은 육지와 바다가 탄생했다고 본다.

그럼 이 같은 연대를 어떻게 알 수 있었을까? 바로 오래된 암석에 포함된 '방사성 동위 원소(radioisotope)' 때문이다. 방사성 동위 원소는 일정 기간이 지나면 반감하기 때문에, 원래 있던 양과 현재의 양을 비교해 연대를 알 수 있다.

생명의 역사는 몇 년이나 되었나?

생명이 탄생한 건 40억 년 전

지구에 생명이 탄생한 건 약 40억 년이라고 알려져 있는데, 이 역시 우리 인간의 역사에 비하면 아득히 먼 옛날 일이다.

지구는 현 시점에서 생명이 존재하는 유일한 천체다. 다른 행성에는 아직 생명의 존재가 확인되지 않고 있다. 생명이 탄생하는 조건 중 하나로 '액체 상태의 물'을 들 수 있는데, 미 항공우주국 NASA의 보고에 따르면 '화성에는 액체 상태의 물이 있다는 증거가 발견됐지만 아직 생명의 존재는 확인되지 않았다'. 화성 외에 목성의 위성인 유로파(Europa), 해왕성의 위성인 트리톤(Triton)에도 액체 상태의 물이 있는 듯하나 생명의 존재 여부까지는 알려지지 않았다. 지구에서 발견된 가장 오래된 생물 화석은 박테리아로, 대략 35억 년 전 것으로 알려져 있다. 따라서 생명이 탄생한 건 적어도 그 이전으로 간주되기 때문에 대략 40억 년 전쯤으로 추정된다.

생명 탄생에 반드시 필요한 존재, 바다!

지구 역사는 크게 '명왕누대(Hadean Eon)', '시생누대(Archean Eon)', '원생누대(Proterozoic Eon)', '현생누대(Phanerozoic Eon)'로 나뉜다. 지구 탄생에서 40억 년 전까지가 명왕누대, 40억 년 전부터 25억 년 전이 시생누대, 25억 년 전부터 약 5억 4200만 년 전까지가 원생누대, 그 이후가 현생누대다. 이 중 현생누대는 다시 '고생대(Paleozoic Era)', '중생대(Mesozoic Era)', '신생대(Cenozoic Era)'로 나뉜다. 명왕누대란 암석이나 지층에 전혀 기록이 남지 않은 '어둠의 시대'란 뜻이다.

생명이 어떻게 탄생했는지는 지금도 커다란 수수께끼다. 다만 생명이 탄생했을 것으로 추정되는 40억 년 전은 바다가 탄생한 시기와 겹친다. '생명의 탄생이 바다와 관련이 있다'

고 추정하는 이유다. 또 생명과 생명이 없는 것의 차이는 자기 복제를 통해 번식하는 점, 세포막 등으로 외부와는 독립된 공간을 유지하는 점, 에너지나 물질을 외부에서 흡수 혹은 방출해 대사를 하는 점 등을 들 수 있다.

아울러 생명을 구성하는 데 필요한 것으로 아미노산이 있지만, 그 기원에 대해서도 여러 설이 있다. 지구상의 수소, 메탄, 암모니아 등에서 합성됐다는 설, 운석이나 혜성에 포함된 아미노산이 지구에 초래됐다는 설 등 아직 결론이 나지 않았다.

광합성으로 산소가 생긴다

25억 년 전이 되자 생명의 활동이 지구 환경에 커다란 영향을 주게 된다. '시아노박테리아(Cyanobacteria, 남세균)'라는 광합성 작용을 하는 박테리아가 번식해 지구 대기 중에 산소가 늘어난 것이다. 광합성은 지금도 식물이 하는 활동으로 이산화탄소와 물, 태양광에 의해 탄수화물과 산소가 생긴다.

산소는 원래 지구 대기 중에 희박했지만 시아노박테리아에 의해 대기 중으로 대량 방출됐다. 사실 생물에게 산소는 맹독이었는데, 그 이유는 산소가 뭐든 산화시키는 강한 힘을 갖고 있기 때문이다. 하지만 생물은 이 산소를 이용해 에너지를 만드는 시스템을 만들어냈다. 세포 속에 핵을 가진 진핵생물(eukaryote)이 탄생한 것이다. 산소를 필요로 하는 진핵생물 가운데 가장 오래된 화석은 약 21억 년 전 것으로 알려져 있다. 그리고 이 진핵생물이 진화해 약 6억 년 전에 다세포 생물이 탄생했다.

4억 년 전에는 식물을 비롯해 수중에서 나와 육지에서 서식하는 생물이 등장한다. 이것이 현재의 양서류, 파충류, 포유류의 선조들이다. 생물은 이처럼 오랜 세월에 걸쳐 진화하고 발전해왔다.

공룡이 살았던 시기를 어떻게 알 수 있나?

공룡이 살았던 시기는 중생대

영화 〈쥐라기 공원Jurassic Park〉은 '고대에 살았던 공룡을 현대에 되살려낸다'는 설정을 담고 있다. 극중 호박(천연수지 화석)에 갇힌 모기가 흡입한 공룡의 혈액 속 DNA와 개구리 DNA를 조합해 공룡을 복원한다. '현실에 진짜 이런 공원이 있다면 어떨까?' 감탄하면서 영화를 재미나게 봤다.

쥐라기 공원의 '쥐라기'는 공룡이 살았던 시대를 상징한다. 쥐라기는 지구의 지질연대 중 하나다. 지구의 지질연대 가운데 현생누대는 고생대와 중생대, 신생대 등으로 나뉜다고 앞서 설명했다. 이 중 공룡이 살았던 건 중생대로, 중생대는 다시 '트라이아스기(Triassic Period)', '쥐라기(Jurassic Period)', '백악기(Cretaceous Period)'로 나뉜다.

공룡은 트라이아스기 후기부터 백악기 후기에 걸쳐 살았다. 연대로 말하자면 2억 2000만 년 전부터 6550만 년 전에 걸쳐서다. 인류가 등장하기 훨씬 전에 공룡이 살아 있었던 것이다. 하지만 공룡은 6550만년 전 돌연 멸종되었다. 현재는 거대 운석이 지구에 충돌했기 때문이 아닐까 추정할 뿐이다(물론 이에 대해선 여러 설이 있지만).

그런데 몇천만 년, 몇억 년 전에 공룡이 살았다는 걸 어떻게 알 수 있을까? 그건 공룡 화석이 남아 있기 때문이다. 그 화석이 어느 시대의 지층에서 나왔는지를 알면 대개의 연대를 알 수 있다. 또 화석에 포함된 방사성 동위 원소에 의해서도 그 연대를 추정할 수 있다.

원소는 양성자 수로 결정된다

방사성 동위 원소란 원소의 한 종류이지만 부가적인 설명이 필요하다. 원소란 산소, 수소, 탄소 등 물질의 근원이 되는 것으로, 산소와 수소가 결합되면 물이 된다. 이렇게 이 우주의 물질은 100종이 넘는 어떤 원소를 근간으로 구성된다. 이러한 원소(원자)는 원자핵과 그 주변을 도는 전자로 구성되는데, 원자핵은 다시 양성자와 중성자로 구성된다. 원소는 이 중 양성자 수로 정해져 양성자가 1개면 수소, 2개면 헬륨이 되는 식이다. 아울러 양성자 수를 그 원자의 원자 번호라 부르는데, 수소의 원자 번호는 1, 헬륨은 2가 된다.

한편 양성자는 전기적으로는 플러스 성질을 가지며 전자는 마이너스 성질을 갖는다. 이에 비해 중성자는 전기적으로는 플러스도, 마이너스도 아닌 중성을 띤다.

같은 원소지만 중성자 수가 다른 동위 원소

그런데 같은 원소라도 중성자 수가 다른 원소가 존재한다. 예를 들어 가장 단순한 수소 원자는 양성자 한 개와 전자 한 개로 구성되지만, 그중에는 중성자 한 개를 여분으로 가진 수소 원자가 있다. 이를 '중수소(deuterium)'라 한다. 또한 중성자가 2개 있는 '삼중수소(tritium)'도 있다. 이런 원소들은 화학적 성질은 다르지 않지만 질량이 다른 형제 같은 존재다. 이렇게 중성자 수만 다른 원소를 '동위 원소'라 부른다.

가장 유명한 동위 원소는 원자력 발전에 사용되는 '우라늄 235'다. 참고로, 우라늄 중에서 가장 많이 발견되는 건 양성자 92개, 중성자 146개의 '우라늄 238'이다. 우라늄 235는 중성자를 143개 갖는데, 이 우라늄 235에 중성자 1개를 부딪치면 엄청난 에너지를 방출하며 분열을 반복한다. 이때 나오는 에너지가 바로 원자력이다.

동위 원소에는 불안정한 것이 많아 알파선, 베타선, 감마선 등의 방사선을 방출해 별도의 안정된 원소로 바뀌는 것도 있다. 이러한 것을 '방사성 동위 원소'라 부르는데, 방사선 동위 원소로 바뀌며 원래 양의 절반 정도까지 줄어드는 것을 '반감기'라 한다. 예를 들어 칼륨 40은 13억 년, 우라늄 235는 7억 년, 우라늄 238은 45억 년, 탄소 14는 5730년 걸려 반으로 줄어든다.

가장 먼
은하까지 가려면
몇 년이나 걸릴까?

1광년은 어느 정도의 거리일까?

밤하늘에 빛나는 별들을 보고 있으면 불가사의한 기분이 들곤 한다. 이 별들은 몇억 광년이나 떨어진 별에서 먼 옛날에 방출된 빛이다. 즉, 지금 우리들이 보고 있는 건 몇억 년 이전의 별 모습이다. 개중에는 이미 생명을 끝마친 별도 있을지 모른다.

몇만 광년 떨어진 별에서 몇십억 광년이나 떨어진 별까지, 마치 타임머신처럼 여러 별의 '예전 모습'을 보고 있는 게 된다. 시간의 불가사의함을 다시 한 번 느낄 수 있다. 1광년은 어느 정도의 거리를 말할까? 빛의 속도는 초속 약 30만㎞ 다. 이것을 1년으로 계산해보면 약 9조 4600억㎞다. 가히 상 상조차 할 수 없는 거리다.

달까지 로켓으로 4일, 태양까지 광속으로 8분

밤하늘에서 가장 가까운 것은 달로, 지구에서 약 38만㎞ 떨어 져 있다. 인간이 로켓을 타고 가면 4일 정도 걸린다. 이어 지 구에 가까운 별은 화성이지만, 지구 쪽에 가장 가까이 접근했 을 때가 약 5600만㎞다. 지금까지 화성 탐사체는 몇 개월 이 상씩 걸려 화성 궤도에 도달했다. 지구에서 태양까지는 약 1 억 5000만㎞ 떨어져 있으며 빛의 속도로 약 8분 걸린다. 지 구에 가장 가까운 항성은 궁수자리의 알파성(α Sagittarii)으로 4.3광년, 큰개자리의 시리우스(Siriu α CMa)는 8.7광년 떨어져 있다.

이 정도 거리면 어떻게든 인류가 갈 수 있을 것 같지만, 실제 광속으로 날아가기란 불가능하기에 훨씬 더 오랜 시간 이 걸린다. 앞서도 이야기했지만, 아인슈타인의 상대성 이론 에 따르면 로켓은 광속에 가까워지면 거의 무한대의 무게가 된다. 그래서 빛의 속도로 날아가는 게 불가능하다.

이는 그저 탁상공론식 추측이 아니라, 실제 가속기라는 실험 설비를 통한 실험으로 밝혀진 내용이다. '입자를 광속에 가까운 빠르기로 날리면 질량이 커진다(무거워진다)'는 사실이 확인되었다.

안드로메다 은하까지 약 230만 광년

우리 은하에서 가장 가까운 은하 중 하나가 바로 '안드로메다 은하(Andromeda galaxy)'다. 안드로메다 은하는 안드로메다자리 안에 있어 육안으로도 볼 수 있다. 우리 은하에서 약 230만 광년, 즉 빛의 속도로 230만 년 정도 걸리는 거리에 있다. 아무리 애써봐야 우리가 평생에 걸쳐서도 갈 수 없는 거리인 것이다.

안드로메다 은하와 우리 은하는 접근을 계속해 약 50억 년 뒤에는 충돌하지 않을까 추측된다. 다만 충돌한다 해도 그리 걱정할 필요는 없을 것 같다. 은하 속 별들은 서로 멀리 떨어져 부딪치지 않는 상태여서 별끼리의 충돌은 일어나지 않을 듯하다. 물론 그때까지 인류가 존속해 있을지도 보장할 수 없다.

그보다 50억 년 뒤에는 태양이 점점 팽창해 지구를 삼켜

버릴 것으로 예상되기에, 어쨌든 이 지구에 인류가 살아 있진 않을 것 같다. 안드로메다 은하보다 더 가까운 은하에 '대마젤란운(Large Magellanic Cloud)'이 있지만, 그 역시 16만 광년 떨어져 있기에 인류가 도달하진 못할 듯하다. 현재 발견된 것 중에서 우리 은하에서 가장 멀리 떨어진 은하는 약 131억 광년 거리에 있다. 가히 상상조차 할 수 없는 거리다. 이 은하의 이름은 'EGS-zs8-1은하'. 빛의 속도로 131억 년이나 걸리기 때문에, 만일 인간이 로켓을 타고 간다 해도 당도하기까지 생존해 있는 것조차 불가능하다.

그럼 이보다 더 먼 은하는 있을까? 아마 가능성은 충분할 것이다. 관측의 정밀도가 향상되면 앞으로 더 먼 곳에 위치한 은하가 발견될지도 모른다.

시간에 시작이 있었을까?

우주의 탄생이 곧 시간의 시작!

이 책의 마지막 질문이다. 시간에 시작과 끝이라는 게 있을까? 아주 먼 옛날에는 시간에 시작도, 끝도 없다고 생각했다. 사실 시간에 시작과 끝이 있는지의 여부는 이 '우주'에 시작과 끝이 있는지의 여부와 같다. 최근까지도 '정상 우주론(steady-state cosmology)'이라는 개념이 있어 '우주에는 시작과 끝이 없으며 시간에도 시작과 끝이 없다'는 설이 제창됐다. 하지만 우주에 대해 더 세부적으로 알게 되면서 우주는 결코 시작도 끝도 없는 것이 아니라는 사실이 알려졌다.

현재 알려진 바로는 우주는 138억 년 전 '무'에서 탄생했다. 천문학자인 허블이 '우주는 영원히 정지해 있는 게 아니라 팽창을 지속하고 있다'는 사실을 발견했다. 이는 그때까지 '우주는 정지한 채 움직이지 않는 것'이라 믿어왔던 당시 과학자들에게 매우 충격적인 발견이었다. 더 충격적이었던 건 우주가 팽창하고 있으며, 거슬러 올라갔을 때 우주는 작아지다 못해 마지막에는 '무'가 된다는 점이었다. '우주는 무에서 탄생했다.' 바로 이것이야말로 시간의 처음이다. 시간에 분명 시작이 있었던 것이다.

빅뱅 우주론

그렇다면 우주는 어떻게 시작됐을까? 이를 알아내기 위해 과학자들은 머리를 쥐어짰는데, 그 과정에서 등장한 이가 미국의 물리학자 조지 가모(George Gamow)다. 바로 그가 제창한 것이 널리 알려진 '빅뱅 우주론'이다. "우주는 아무것도 없는 '무'의 상태에서 초고온, 초밀도의 불덩어리로 태어났다"는 것이 빅뱅 우주론이다. 이 이론에 따르면 빅뱅(big bang)으로 탄생된 우주는 그 기세대로 점차 팽창을 거듭해 138억 년이 지나 현재의 우주가 됐다.

인플레이션 우주론

그런데 왜 아무것도 없는 무에서 우주가 시작됐을까? 현재까지는 빅뱅 이전에 우주가 '믿을 수 없을 만큼 급속도로 팽창한' 인플레이션 시기가 있었다는 이론이 유력하다. 바로 이것이 '인플레이션 우주론'이다.

이 이론에 따르면 무에서 극도로 작은 우주가 탄생했다. 그건 10^{-34} ㎝라는 매우 작은 크기였다. 소수점 아래 0이 33개나 자리할 만큼 작은 크기다. 흔히 소립자라는 '쿼크(quark)'의 크기가 10^{-16} ㎝라고 하니까 그보다도 훨씬 작다. 게다가 이 작은 우주가 순식간에 10^{43} 배로 커진 것이다. 1 이후에만 43개의 0이 붙을 만큼의 크기로, 빅뱅은 그 후에 일어났다고 본다.

그렇다 해도 역시 무에서 우주가 탄생했다는 건 우리가 좀처럼 이해하기 힘든 부분이다.

'무'는 흔들리고 있다

사실 물리학에서 말하는 '무'라는 건 정말 아무것도 없다는 뜻이 아니다. 거기에 '잠재적인 에너지가 차 있다'는 말이다. 우리가 갖고 있는 무의 이미지와는 조금 다르다.

조금 어려운 이야기지만, 무는 흔들리고(동요하고) 있다. 이 우주에서 무라고 하면 진공과 같지만, 이 진공에서는 항시 소립자가 생성하고 소멸하는 과정이 반복된다. 소립자란 이 우주를 만드는 쿼크, 전자, 뉴토리노 같은 '최소 단위의 입자'를 말하는데, 그 소립자가 '진공=무'에서는 활발히 생성과 소멸을 반복한다는 것이다. 어쨌든 이런 무의 흔들림에서 우주가 탄생했다. 시간의 시작은 바로 거기에 있다.

우주의 미래 예상도

그렇다면 시간에 끝은 있을까? 그 답을 알기 위해서는 앞으로 우주가 어떻게 될지를 알아야 한다.

현 시점에서 우주의 미래는 크게 3가지 생각으로 나눠볼 수 있다.

첫 번째 생각은 우주가 이대로 가속도가 붙어 '팽창'을 지속해나갈 거라는 예상이다. 빅뱅과 함께 시작된 우주는 계속 팽창해왔는데, 앞으로도 그 기세대로 팽창을 거듭할 거라는 의견이다.

두 번째 생각은 첫 번째와는 조금 다르게, 우주는 그만큼 급속도로 팽창해가지 않고 천천히 완만하게 확장해갈 거라는 예상이다.

세 번째 생각은 우주가 언젠가는 팽창을 멈추고 수축으로 돌아서, 점점 작아지다 결국에는 '소멸'해버릴 거라는 예상이다. 이를 '빅뱅(대폭발)'과 대비시켜 '빅 크런치(big crunch, 대붕괴)'라 부른다. 이 '빅 크런치' 설이 맞다면, 언젠가 우주에는 끝이 찾아오고 그와 함께 시간도 끝날 것이다.

우주는 어디까지 팽창해갈까?

전문적으로는 첫 번째 우주를 '열린 우주(open universe)', 두 번째 우주를 '평탄한 우주(flat universe)', 세 번째 우주를 '닫힌 우주(closed universe)'라 부른다. 우리 인간들의 감각으로 보자면 '시간에 시작이 있다면 끝도 있는 게 좋지 않을까' 생각하기 쉽다. 마치 인간에게 탄생과 죽음이 있는 것처럼.

하지만 현재 대부분의 예상으로는 우주가 이대로 계속 팽창해나갈 것으로 본다. 만일 이대로 팽창해간다면 시간에는 '끝'이 없게 된다. 하지만 우주가 이대로 팽창을 지속해갈지, 혹은 언젠가 팽창을 멈출지, 현재 과학으로는 완전히 결론

내리지 못했다. 이렇게 과학이 발전한 지금도 우주에는 수수께끼가 너무 많다.

아직도 풀지 못한 우주의 수수께끼

그 수수께끼 중 하나는 눈에 보이지 않는 '암흑 물질(dark matter)', 혹은 '암흑 에너지(dark energy)'의 존재다. 이 암흑 물질과 암흑 에너지의 정체는 지금까지도 잘 알려지지 않았다. 그런데 어떻게 암흑 물질이 있다고 생각했을까?

그건 은하 전체의 질량을 생각할 경우, 눈에 보이는 범위 안의 전체 질량으로는 '은하가 뿔뿔이 흩어지지 않는 이유'를 설명할 수 없기 때문이다.

이게 무슨 말이냐 하면, 눈에 보이는 별들의 중력만으로는 은하가 정리되는 힘이 너무 작다는 것이다. 즉 눈에 보이지 않는 어떤 물질이 은하에 없다면 지금처럼 은하가 정리되기란 불가능하다는 말이다. 또 은하끼리의 집단이나 은하단이 뿔뿔이 흩어지지 않고 정리되는 것도 현재 알고 있는 은하의 질량으로는 설명할 수 없다. 결국 빛을 방출하거나 반사하거나, 혹은 그렇지 않은 어떤 물질이 이 우주에 있는 것으로밖에 볼 수 없다.

암흑 물질의 정체

암흑 물질의 정체에 대해서는 몇 가지 후보를 들 수 있다.

첫 번째는 '뉴트리노'라는 설이다. 뉴트리노란 '중성자가 붕괴할 때 튀어나오는 작은 입자'를 말한다. 일본의 슈퍼 가미오칸데(Super-Kamiokande) 관측에 의해 질량이 없다고 생각되던 뉴트리노에도 얼마 되지 않지만 질량이 있다는 사실이 알려졌다. 뉴트리노는 대량으로 존재하는 데서 암흑 물질 후보로 떠올랐지만, 원래 질량이 작기 때문에 암흑 물질의 주성분으로 보기 힘들다는 게 현재까지의 상황이다.

이 외에도 작은 블랙홀이라는 설, '갈색왜성(brown dwarf)', 혹은 '백색왜성(white dwarf)'이라는 설 등이 있다. 어쨌든 암흑 물질이나 암흑 에너지의 존재가 이 우주의 미래를 푸는 열쇠가 되고 있는 것이다.

참고문헌

〈시간을 만든다, 시간을 산다〉, 마쓰다 후미코 편 (기타오지쇼보)
〈심리적 시간〉, 마쓰다 후미코 외 편저 (기타오지쇼보)
〈시간〉, 다키우라 시즈오 (이와나미신쇼)
〈시간이란 무엇인가〉, 이케우치 사토루 (고단샤)
〈뇌 속 시간 여행〉, 클라우디아 하몬드 (인터시프트)
〈더 시간이 있었다면!〉, 슈테판 클라인 (이와나미쇼텐)
〈당송전기집(상)〉, 이마무라 요시오 역 (이와나미분코)
〈뉴턴 별책 - 시간이란 무엇인가 (증보제3판)〉 (뉴턴프레스)
〈별책 닛케이사이언스180 - 시간이란 무엇인가?〉 (닛케이사이언스)
〈시계의 시간, 마음의 시간〉, 이치카와 마코토 (교이쿠효론샤)
〈어른의 시간은 왜 짧을까〉, 이치카와 마코토 (슈에이샤신쇼)
〈어른이 되면 왜 1년이 짧아지는 걸까?〉, 이치카와 마코토/이케가미 아키라 (다카
　라지마SUGOI분코)
〈1년은 왜 매년 빨라지는 걸까?〉, 다케우치 가오루 (세이슌신쇼)
〈왜 나이를 먹으면 시간이 가는 게 빠르게 느껴질까?〉, 다우베 드라이스마 (고단샤)
〈시곗바늘은 왜 오른쪽으로 도는 걸까?〉, 오다 이치로 (소시샤분코)
〈생체 시계는 왜 리듬을 각인시킬까?〉, 러셀 포스터/리온 크라이츠먼 (닛케이BP샤)

〈왜 생체 시계는 당신의 라이프스타일까지 조종하는 걸까?〉, 틸 르네베르크 (인터시프트)

〈코끼리의 시간, 쥐의 시간〉, 모토카와 다쓰오 (주코신쇼)

〈달력과 시간의 역사 (사이언스팔레트 009)〉, Leofranc Holford-Strevens (마루젠슈판)

〈타임머신 개발 경쟁에 도전한 물리학자들〉, 제니 랜들스 (닛케이BP샤)

〈한 권으로 읽는 지구 역사와 구조〉, 야마가 스스무 (베레슈판)

〈생명과 지구의 역사〉, 마루야마 시게노리/이소자키 유키오 (이와나미신쇼)

자기계발·경제경영

더 베스트 커리어
과학적으로 내게 꼭 맞는 직업을 선택하는 방법
스즈키 유 지음 | 이수형 옮김 | 248쪽 | 16,000원

옥스퍼드, 천년의 가르침
"근소한 차이가 쌓여 결정적인 차이가 된다"
오카다 아키토 지음 | 이수형 옮김 | 256쪽 | 13,500원

유대인의 돈, 유대인의 경쟁력
성공과 부를 거머쥔 유대인의 진짜 경쟁력을 말한다
커유후이 편저 | 주은주 옮김 | 352쪽 | 15,000원

인생의 함정을 피하는 생각 습관
《하버드 새벽 4시 반》 저자의 역서, 국립중앙도서관 사서 추천도서
웨이슈잉 지음 | 이지은 옮김 | 304쪽 | 14,000원

당신의 부는 친구가 결정한다
심리상담전문가가 알려주는 대인관계를 통한 성공의 비밀!
만팅(曼汀) 지음 | 고은나래 옮김 | 280쪽 | 13,500원

여성·가족

나이들어도 스타일나게 살고 싶다
나이들었어도 혼자여도 얼마든지 행복할 수 있다
쇼콜라 지음| 이진원 옮김 | 184쪽 | 12,000원

뉴욕 최고의 퍼스널 쇼퍼가 알려주는
패션 테라피
세월이 흘러도 변치 않는 경쟁력 있는 패션의 정석
베티 할브레이치, 샐리 웨디카 지음 | 최유경 옮김 | 272쪽 | 13,900원

일흔 넘은 부모를 보살피는 72가지 방법
함께 살지 못해도 노부모를 편안하게 보살필 수 있다! 중앙치매센터 추천도서
오타 사에코 지음 | 오시연 옮김 | 256쪽 | 13,900원

유쾌한 셰어하우스
"더 이상 외롭거나 불안하지 않고, 나는 내 인생의 주인이 되었다."
김미애 외 지음 | 272쪽 | 13,800원

침대 위의 세계사

인류의 침대에서 벌어졌던 무궁무진한 이야기들이 펼쳐진다!

브라이언 페이건, 나디아 더러니 지음 | 안희정 옮김 | 344쪽 | 18,000원

문학의 도시, 런던

런던 곳곳을 찾아 문학 속으로 떠나는 여행

엘로이즈 밀러, 샘 조디슨 지음 | 이정아 옮김 | 368쪽 | 16,500원

미녀들의 초상화가 들려주는
욕망의 세계사

사랑과 비극, 욕망이 뒤엉킨 드라마 같은 세계사

기무라 다이지 지음 | 황미숙 옮김 | 240쪽(올컬러) | 14,000원

내 손 안의 교양 미술

나만의 도슨트를 만나는 미술 감상 입문서

펑쯔카이 지음 | 박지수 옮김 | 224쪽(올컬러) | 14,000원

신이 인간과 함께한 시절

명화와 함께하는 달콤쌉싸름한 그리스 신화 명강의!

천시후이 지음 | 정호운 옮김 | 488쪽(올컬러) | 19,800원

사물의 약속

내가 갖고 있던 물건들의 역사, 그것들로부터 위로받고
오래 간직하게 된 비밀스러운 이야기들

루스 퀴벨 지음 | 손성화 옮김 | 256쪽 | 13,800원

로맨틱, 파리

빛의 도시에서 만나는 낭만주의자들의 예술과 사랑

데이비드 다우니 지음 | 김수진 옮김 | 472쪽 | 17,800원

프랑스 사람은 지우개를 쓰지 않는다

교실에서도 연애에서도 지우개를 쓰지 않는 프랑스적 삶의 방식

이와모토 마나 지음 | 윤경희 옮김 | 240쪽 | 14,000원

말하기 힘든 비밀

마음을 치유하는 심리학

왕바오헝 지음 | 박영란 옮김 | 304쪽 | 15,000원

타임 이펙트

초판 1쇄 발행 2021년 9월 27일
지은이 | 구가 가쓰토시
옮긴이 | 이수형
디자인 | 김상보
인쇄·제본 | 한영문화사

펴낸이 | 이영미
펴낸곳 | 올댓북스
출판등록 | 2012년 12월 4일(제 2012-000386호)
주 소 | 서울시 마포구 연희로 19-1, 6층(동교동)
전 화 | 02)702-3993
팩 스 | 02)3482-3994
ISBN 979-11-86732-56-4 03400